SYNCHRONIZATION
PRACTICE
AND
EXPERIMENTAL
GUIDANCE

C++

同步练习及实验指导

潘雨青 曹汉清 郑文怡 刘金平 编著

U0351146

江苏大学出版社
JIANGSU UNIVERSITY PRESS
镇 江

图书在版编目(CIP)数据

C++同步练习及实验指导 / 潘雨青等编著. —镇江
：江苏大学出版社，2012.6(2020.9 重印)
ISBN 978-7-81130-372-8

Ⅰ.①C… Ⅱ.①潘… Ⅲ.①
C 语言—程序设计—高等学校—教学参考资料 Ⅳ.
①TP312

中国版本图书馆 CIP 数据核字(2012)第 120535 号

C++同步练习及实验指导

编　著/潘雨青　曹汉清　郑文怡　刘金平
责任编辑/李经晶　徐　婷
出版发行/江苏大学出版社
地　　址/江苏省镇江市梦溪园巷 30 号(邮编：212003)
电　　话/0511-84446464(传真)
网　　址/http://press.ujs.edu.cn
排　　版/镇江文苑制版印刷有限责任公司
印　　刷/镇江文苑制版印刷有限责任公司
开　　本/787 mm×1 092 mm　1/16
印　　张/15.25
字　　数/362 千字
版　　次/2012 年 7 月第 1 版　2020 年 9 月第 4 次印刷
书　　号/ISBN 978-7-81130-372-8
定　　价/44.00 元

如有印装质量问题请与本社营销部联系(电话：0511-84440882)

目录 contents

▶ 第二部分　C++ 实验指导

第一部分　C++ 习题

第 1 章　C++ 基础知识

教学重点

1. 掌握 C++ 程序的基本结构；
2. 掌握开发一个应用程序的过程；
3. 掌握 C++ 的词法规则；
4. 掌握 C++ 的常用数据类型的定义与使用；
5. 掌握变量的类型与赋值方式；
6. 掌握常量的含义与类型；
7. 掌握运算符的优先级与表达式的书写。

习题一　程序设计的基本概念

一、填空题

1. 结构化程序设计方法的基本思想是"＿＿＿＿＿＿＿＿＿＿＿＿＿＿＿＿＿＝程序"，面向对象程序设计则把编程问题视为一个数据集合，其基本思想是"＿＿＿＿＿＿＿＿＿＿＿＿＝程序"。

2. 一个 C++ 的源程序有且仅有一个＿＿＿＿＿＿＿＿＿，有＿＿＿＿＿＿＿其他函数，有＿＿＿＿＿＿＿＿输入，＿＿＿＿＿＿＿输出。

3. 开发一个 C++ 应用程序的基本步骤是① ＿＿＿＿＿＿，产生扩展名为② ＿＿＿＿＿的源程序文件；③ ＿＿＿＿＿＿，生成扩展名为＿＿＿＿＿＿的目标文件；＿＿＿＿＿＿，生成扩展名为.exe 的＿＿＿＿＿＿＿＿，其名称与＿＿＿＿＿＿＿＿同名；④ ＿＿＿＿＿＿，产生结果。

二、选择题

1. 关于 C++ 语言与 C 语言关系的描述中，(　　　)是错误的。

A. C 语言是 C++ 语言的一个子集

B. C++ 语言兼容 C 语言

C. C++ 语言对 C 语言进行了一些改进

D. C++ 语言与 C 语言都是面向对象的程序设计语言

2. 下列(　　)语言不属于高级程序设计语言。

A. C　　　　　　　B. C++　　　　　　C. FORTRAN　　　　D. 汇编语言

三、判断题

1. C++ 程序中,每条语句结束时都要加一个分号。　　　　　　　　　(　　)

2. 可以使用符号/ * ... */和//... 来表示注释,两者用法是相同的。　(　　)

3. 在对源程序进行编译的过程中,可以发现注释中的拼写错误。　　(　　)

4. main( )函数称为主函数,必须位于程序的最前端。　　　　　　　(　　)

5. C++ 语言本身定义了输入、输出语句,可以直接输入输出。　　　(　　)

6. C++ 程序中的每一行只可以有一条语句。　　　　　　　　　　　(　　)

7. 标准的输入是由键盘输入,标准的输出是输出到显示屏。　　　　(　　)

8. 源程序在编译过程中可能会出现一些错误信息,但在链接过程中将不会出现错误信息。　　　　　　　　　　　　　　　　　　　　　　　　　(　　)

9. 只要通过编译和链接,就一定可以正确地运行输出结果。　　　　(　　)

10. C++ 语言编写的代码经过编译之后即可执行。　　　　　　　　(　　)

11. 源程序当中的每一行都需要编译。　　　　　　　　　　　　　(　　)

四、分析下列程序的输出结果

```
#include <iostream>
using namespace std;
int main(){
    int   a,b;
    cout <<"input a,b:";
    cin >>a >>b;
    cout <<"a ="<<a <<","<<"b ="<<b <<endl;
    cout <<"a - b ="<<a - b <<"\n";
    return 0;
}
```

假定输入以下两个数据:8　5

输出的结果是多少?

五、编程题

从键盘上输入两个整数 a、b,求它们的和并输出。

习题二 C++基本数据类型

一、填空题

1. 一个程序应该包括数据描述和数据操作,描述数据就是不仅要定义_____ _____,还要定义_____。

2. C++的字符集包括_____、_____、_____、标点和特殊字符以及空字符。

3. 标识符的主要作用是_____。

4. C++的数据类型有基本数据类型和构造类型,其中基本数据类型指的是_____数据类型,可以_____使用;构造类型则属于_____数据类型,必须先定义后使用。

5. 数据类型是对系统中实体的一种抽象,它描述了实体的基础特性,包括_____、_____以及_____。

6. 用_____表示逻辑值,该类型的取值只有2个,0表示_____, 1(非0)表示_____。

7. C++中字面常量是指_____,不需要说明就可以直接使用的常量;符号常量指的是_____,经过定义才能使用的常量。

8. 字符串"abcd\0acbef\n"的长度是_____个字节,字符串"abcd\aacbef\n"的长度是_____个字节,字符串"abcd\110"的长度是_____个字节。

二、选择题

1. 以下(   )是合法的标识符。

A. 1sin   B. template   C. x! y   D. _1x_2

2. 类型修饰符 unsigned 修饰(   )类型是不正确的。

A. char   B. int   C. double   D. long

3. 下列十六进制的整型常量表示中,(   )是错误的。

A. 0xaf   B. 0X1b   C. 2fx   D. 0XAE

4. 下列 double 型常量中,(   )是错误的。

A. E15   B. .35   C. 3E5   D. 3E−5

5. 下列字符常量表示中,(   )是错误的。

A. '\105'   B. '∗'   C. '\4f'   D. '\a'

6. 下列字符串常量表示中,(   )是错误的。

A. "\"yes\"or\"no\""   B. "\'ok! \ "

C. "abcd\n"   D. "ABC\0"

三、分析下列程序的输出结果(分析下列程序,若是正确的,写出输出结果;若是错误的,请改正错误,并给出输出结果。)

1.

```cpp
#include <iostream>
using namespace std;
int main( ){
    bool a =5;
    bool b = -5;
    bool c = a - b;
    bool d = a + b;
    cout <<a <<' '<<b <<' '<<c <<' '<<d <<endl;
    cout << boolalpha <<a <<' '<<b <<' '<<c <<' '<<d <<endl;
                        /* boolalpha 表示输出 true 或者 false */
    return 0;
}
```

2.

```cpp
#include <iostream>
using namespace std;
int main( ){
    cin >>x;
    int p = x * x;
    cout <<"p =<<p << \n";
    return 0;
}
```

3.

```cpp
#include <iostream>
using namespace std;
int main( ){
    int i,j;
    i =5;
    int k = i + j;
    cout <<"i +j ="<<k <<"\n";
    return 0;
}
```

4.

```cpp
#include <iostream>
using namespace std;
int main( ){
    char m = 97;
    int n = m + 10;
    cout << m << "\t" << n;
    return 0;
}
```

5.

```cpp
#include <iostream>
using namespace std;
#define PI 3.14159
const int R = 10;
int main( ){
    double a,b;
    a = 2 * R * PI;
    b = R * R * PI;
    cout << "a =" << a << "b =" << b;
    return 0;
}
```

习题三　运算符与表达式

一、填空题

1. 设 x,y,a 均为模型变量,那么描述算式 $\sqrt{\dfrac{x+y}{(x-y)*a^y}}$ 的 C++ 表达式为＿＿＿＿＿＿＿＿＿＿＿＿＿＿＿;描述算式 a≠x≠y 的 C++ 表达式则为＿＿＿＿＿＿＿＿＿＿＿＿＿＿;描述变量 k≤20 并且字符 ch 不为空格的表达式为＿＿＿＿＿＿＿＿＿。

2. 设变量定义:int x = 3,y = 2;float a = 2.5,b = 3.5,则(x+y)%2+(int)a/(int)b 的值是＿＿＿＿＿＿＿＿。

3. 设 int y 表示年份,判断 y 是不是闰年的 C++ 表达式是＿＿＿＿＿＿＿＿＿＿＿＿,判断 y 是不是 20 世纪 90 年代的表达式是＿＿＿＿＿＿＿＿＿＿＿＿＿＿＿＿＿,判断字符变量 ch 是否为大写字母的表达式为＿＿＿＿＿＿＿＿＿＿,将 ch 转换为小写字母的表达式是＿＿＿＿＿＿＿＿。

4. 假定已知变量 a,b,c,ch 有如下定义 int a = 3,b = 5,c = 0;char ch = ′0′;则表达式 ch = 3 | | (b += a * c) | | c ++ 的值是＿＿＿＿＿＿＿＿＿,该表达式运算过后,a =＿＿＿＿＿＿＿＿,b =＿＿＿＿＿＿＿＿,c =＿＿＿＿＿＿＿＿。

5. 若 float x = 2.5,y = 8.2,z = 1.4;int a = 3,b = 5;并设下列各表达式间无关联关系,则表达式 x = z * b ++ ,b = b * x,b ++ 的值是＿＿＿＿＿＿＿＿;表达式 z += a > b? a < b? a:b:a * b 的值为＿＿＿＿＿＿＿＿;表达式! (a > b) && (x * = y) &&b ++ 的值是＿＿＿＿＿＿＿＿。

6. 与 m%n 功能等价的 C++ 表达式是＿＿＿＿＿＿＿＿。

7. 已知字符′1′的 ASCII 码值是 49,则表达式 2 * 9 | 3 << 1 的值是＿＿＿＿＿＿＿＿;表达式 6 >= 3 + 2 - (′0′ - 7)的值是＿＿＿＿＿＿＿＿。

二、选择题

1. 下列各运算符中,(　　)可以作用于浮点数。
A. ++　　　　　　　B. %　　　　　　　C. >>　　　　　　　D. &

2. 下列各运算符中,(　　)不可以作用于浮点数。
A. /　　　　　　　B. &&　　　　　　C. !　　　　　　　D. ~

3. 下列各运算符中,(　　)优先级最高。
A. +（双目）　　　B. *（单目）　　　C. <=　　　　　　D. *=

4. 下列表达式中,(　　)是非法的。
已知:int a = 5;float b = 5.5f;
A. a%3 + b　　　　　　　　　　　B. b * b&& ++ a
C. (a > b) + (int(b)%2)　　　　　D. - a% + b

5. 下列表达式中,(　　)是合法的。

已知:double m = 3.2; int n = 3;

A. m << 2

B. (m + n) | n

C. ! m * = n

D. m = 5, n = 3.1, m + n

6. 下列关于类型转换的描述中,(　　)是错误的。

A. 在不同类型操作数组成的表达式中,其表达式类型一定是最高类型 double 型

B. 逗号表达式的类型是最后一个表达式的类型

C. 赋值表达式的类型是左值的类型

D. 在由低向高的类型转换中是保值映射,即保持精度不受损失

7. 下列成对的表达式中,运算符"/"的意义相同的一对是(　　)

A. 8/3　8.0/3.0

B. 8/3.0　8/3

C. 8.0/3　8/3

D. 8.0/3.0　8.0/3

8. 已知 double x1 = 1.245,那么表达式 sizeof(x1 * 2 + 5 + 'A') 和 sizeof(x1) * 2 + 5 的值分别是(　　)。

A. 8　8　　　　B. 8　4　　　　C. 4　21　　　　D. 8　21

9. 已知 int a = 12,经过赋值表达式 a += a -= a * = a 后,a 的值是(　　)。

A. 12　　　　B. -264　　　　C. 0　　　　D. 264

10. C++ 中运算符优先级由低到高排列正确的是(　　)。

A. *=　<<　>　%　sizeof

B. <<　*=　>　%　sizeof

C. *=　>　<<　sizeof　%

D. *=　>　<<　%　sizeof

三、分析下列程序的输出结果

1.

```cpp
#include <iostream>
using namespace std;
int main(){
    int a = 5, b = 4, c = 3, d;
    d = (a > b > c);
    cout << d;
    return 0;
}
```

2.

```cpp
#include <iostream>
int main(){
    int i, j, m, n;
    i = 10;
    j = 8;
```

```
   m = ++i;
   n = j++;
   std::cout << i++ << ',' << ++j << ','<<m<< ',' <<n
    <<std::endl;
  return 0;
 }
```

四、编程题

从键盘输入 5 个字符,然后将其译成密码,密码规律是:用原来的字母后面第 4 个字母代替原来的字母,如:字母 A 后面第 4 个字母是 E,用 E 代替 A。因此,如输入为 China 应译为:Glmre。

提示:使用变量 $c1,c2,c3,c4,c5$ 这 5 个变量的值用于存放输入的 5 个字符,然后改变变量的值来实现加密功能。

考虑字母 W 用字母 A 来替换,字母 Y 用字母 B 替换,以此类推。

第 2 章　程序控制结构

教学重点

1. 掌握表达式语句、空语句、复合语句；
2. 掌握简单程序的设计方法；
3. 掌握用 if 语句实现选择结构；
4. 掌握用 switch 语句实现多分支选择结构；
5. 掌握 for 循环结构；
6. 掌握 while 和 do – while 循环结构；
7. 掌握 continue，break，return，goto 语句；
8. 掌握循环的嵌套。

习题一　顺序结构

一、填充题

1. 执行以下程序段后，a，b，c 的值分别为：＿＿＿＿＿＿。

```
int a = 1,b = 2,c = 3,t = 4;
t = a;a = b;b = c;c = t;
```

2. 若有"int a；float b；"则执行"a = b = 78.9；"后，a 和 b 中存放的值分别为：＿＿＿＿＿＿＿＿。

3. 图 2.1 是将一个三位数（假设个位数不为 0）的个位数和百位数进行交换的算法流程图，该数通过键盘输入得到。例如，输入三位数 123，经交换后，输出的数为 321。请根据算法编写相应代码。

＿＿＿＿＿＿＿＿＿＿＿＿

＿＿＿＿＿＿＿＿＿＿＿＿

＿＿＿＿＿＿＿＿＿＿＿＿

＿＿＿＿＿＿＿＿＿＿＿＿

＿＿＿＿＿＿＿＿＿＿＿＿

＿＿＿＿＿＿＿＿＿＿＿＿

＿＿＿＿＿＿＿＿＿＿＿＿

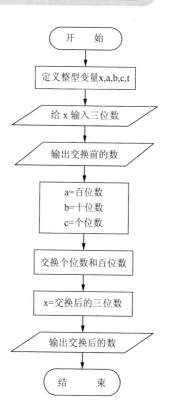

图 2.1　三位数的个位数和
百位数交换算法流程图

_____

4. 已知 int i = 10;表达式 20 - 10 <= i <= 9 的值是_____。

A. 1   B. 0   C. 19   D. 20

5. 以下程序的输出结果是_____。

```cpp
#include <iostream>
using namespace std;
int main()
{   int a = 0
    a += (a = 8);
    cout << a << endl;
        return 0;
}
```

6. 以下程序输出的结果是_____。

```cpp
#include <iostream>
using namespace std;
int main()
{
    int a = 5, b = 4, c = 3, d;
    d = (a > b > c); cout << d << endl;
    return 0;
}
```

二、程序题

1. 根据程序写出运行结果,注意格式。

```cpp
#include <iomanip>
#include <iostream>
using namespace std;
void main()
{
    int a = 10;
    double b = 123.456789;
```

```
        char c = '#';
        cout << hex << a << endl;        _____
        cout << oct << a << endl;        _____
        cout << dec << a << endl;        _____
        cout << setw(10) << a << endl;       _____
        cout << setw(10) << setfill('*') << a << setw(15) << b
        << c << endl;        _____
        cout << left << setw(10) << setfill('*') << a << setw
        (15) << b << c << endl;       _____
        cout << setprecision(6) << b << endl;       _____
        cout << setiosflags(ios::scientific) << b << endl;
```

_____

```
    }
```

2. 编写程序,将输入的假分数以带分数形式输出。

例如:输入 10/3,输出 3U1/3。

_____

_____

_____

_____

_____

_____

_____

_____

_____

_____

3. 根据下面给出的步骤,画出相应的流程图,并编写程序。

(1) 定义整性变量 a1,b1,a2,b2;(a_1,b_1 保存第 1 个复数的实部和虚部,a_2,b_2 保存第 2 个的。)

(2) 在屏幕上显示提示:"First One:";

(3) 输入第一个复数;

(4) 在屏幕上显示提示:"Second One:";

(5) 输入第二个复数;

(6) 输出两个复数;

(7) 计算并输出两个复数的和。

_____

_____

_____

_____

_____

_____

_____

_____

_____

_____

_____

_____

_____

_____

_____

_____

_____

_____

_____

_____

_____

4. 结构化程序设计的 3 种基本结构是_____、_____和_____。

5. 执行以下程序段后,a,b,c 的值分别为:_____。

```
int x =10,y =9;
int a,b,c;
a = ( --x ==y ++)?  --x: ++y;
b = x ++;
c =y;
```

习题二 选择结构

一、填空题和选择题

1. 若从键盘输入58,则以下程序输出的结果是＿＿＿＿＿。

```cpp
#include <iostream>
using namespace std;
int main()
{ int a;
  cin>>a;
  if(a>50) cout<<a;
  if(a>40) cout<<a;
  if(a>30) cout<<a;
  return 0;
}
```

2. 为了避免在嵌套的条件语句 if－else 中产生二义性,C++语言规定,else 总是与＿＿＿＿＿。

A. 编排位置相同的 if 配对　　　　B. 前面最近的 if 配对

C. 后面最近的 if 配对　　　　　　D. 同一行上的 if 配对

3. 阅读下面的程序:

```cpp
#include <iostream>
using namespace std;
int main()
{   int s,t,a,b;
cin>>a>>b;
s=1;
t=1;
if (a>0) s=s+1;
if (a>b) t=s+t;
else if(a==b) t=5;
else t=2*s;
cout<<s<<t;
return 0;
}
```

为了使 t=4,输入量 a 和 b 应满足的条件是＿＿＿＿＿＿＿＿＿。

4. 下面程序的输出结果是_____。

```cpp
#include <iostream>
using namespace std;
int main()
{   int x =2, y = -1, z =2;
    if(x <y)
    if(y <0)   z =0;
    else z +=1;
    cout <<z;
    return 0;
}
```

A. 3   B. 1   C. 2   D. 0

5. 阅读程序,程序运行结果为_____。

```cpp
#include <iostream>
using namespace std;
int main()
{
    int a =0, b =1, c =0, d =20;
    if(a)   d =d -10;
    else if(!b)
    if(!c)   d =15;
    else   d =25;
    cout <<d <<endl;
    return 0;
}
```

6. 以下程序的输出结果是_____。

```cpp
#include <iostream>
using namespace std;
int main()
{   int a =4,b =5,c =6,d;
    d =a >b?(a >c? a:c):b;
    cout <<d <<endl;
    retrun 0;
}
```

A. 4   B. 5   C. 6   D. 不确定

7. 已知 int x =10, y =20, z =30 则执行

```cpp
if(x >y)   z =x; x =y;   y =z;
```

后,各个变量的值为_____。

A. x = 10, y = 20, z = 30　　　　　　B. x = 20, y = 30, z = 30

C. x = 20, y = 30, z = 10　　　　　　D. x = 20, y = 30, z = 20

8. 闰年的条件符合下面二者之一:

(1) 能被 4 整除,但不能被 100 整除,

(2) 能被 4 整除又能被 400 整除,

则判断某一年 year 是否是闰年的逻辑表达式为 _____。

9. 下列语句中错误的是(　　　)。

A. if(a > b) cout << a;　　　　　　B. if(&&); a = m;

C. if(1) a = m; else a = n;　　　　　　D. if(a > 0); else a = n;

二、编程题

1. 要求输入整数 a 和 b,若 $a * a + b * b$ 大于 100,则输出 $a * a + b * b$ 百位以上的数字,否则输出两数之和。

_____

_____

_____

_____

_____

_____

_____

_____

_____

_____

_____

_____

_____

_____

_____

2. 编程实现:

$$Y = \begin{cases} -1 & (x < 0) \\ 0 & (x = 0) \\ 1 & (x > 0) \end{cases}$$

_____

_____

3. 从键盘上输入 a,b,c,计算并输出一元二次方程 ax * x + bx + c = 0 的解。

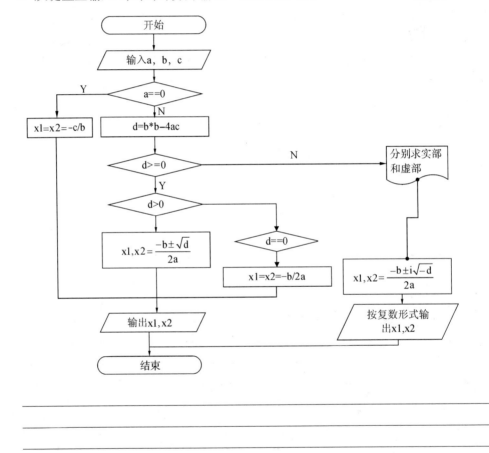

4. 一个商店促销,1 000 元以内不打折,1 000 元以上打九五折,2 000 元以上打九折,3 000 元以上打八五折,4 000 元以上打八折。要求输入购物款数,计算并输出优惠价价格(要求用 switch 语句编程实现)。

习题三 循环结构

一、选择题和填空题

1. 以下叙述正确的是_____。

A. continue 语句的作用是结束整个循环的执行

B. 只能在循环体内和 switch 语句体内使用 break 语句

C. 在循环体内使用 continue 语句或 break 语句的作用相同

D. break 语句的作用是终止所有的循环

2. 已知 int i = 1;执行语句 while(i++<4);后,变量 i 的值是_____。

A. 3   B. 4   C. 5   D. 6

3. 以下程序中,while 循环的循环次数是_____。

```
int main()
{ int i = 0;
  while(i <10)
  { if(i <3)continue;
    if(i ==5)break;
    i ++; } …}
```

A. 1   B. 10

C. 6   D. 死循环,不能确定次数

4. 假设有语句:

```
int k =10;
do k = k -1; while(k >=0);
```

循环执行了_____次。

5. 假设有语句:

```
int x =-1;
do{x =x * x} while(! x);
```

循环执行了_____次。

6. 已知 int i =1, j =0;执行下面语句后 j 的值是_____。

```
while(i)
    switch( i )
      {
        case 1:i +=1; j ++; break;
        case 2:i +=2; j ++; break;
        case 3:i +=3; j ++; break;
```

```
        default: i - - ; j ++ ; break;
    }
```
A. 1   B. 2   C. 3   D. 死循环

7. 以下程序是求 100 ~ 200 以内的素数，请将程序补充完整。

```cpp
#include   <cmath>
#include   <iostream>
using namespace std;
int main()
{
    int m, i, k;
    for(_____)
    {
        k = sqrt(m);
        for(i =2; _____; i ++)
        if(m% i ==0) _____;
        if(i >= k +1) cout <<m <<endl;
    }
    return 0;
}
```

8. 以下程序的输出结果是_____。

```cpp
#include <iostream>
using namespace std;
int main()
{   int i =0,a =0;
    while(i <20)
    {   for(;;)
        {if((i% 10) ==0) break;
         else i -- ;
        }
        i +=11; a +=i;
    }
    cout <<a <<endl;
    return 0;
}
```
A. 21   B. 32   C. 33   D. 11

9. 阅读以下程序：

```cpp
#include   <iostream>
```

```cpp
using namespace std;
int main()
{ char c;
int v0 = 0,v1 = 0,v2 = 0;
  do{
cin.get(c);
switch(c)
        { case 'a':case 'A':
          case 'e':case 'E':
          case 'i':case 'I':
          case 'o':case 'O':          //表示大小写字母o
          case 'u':case 'U':v1 += 1;
          default:v0 += 1;v2 += 1;
        }
}while(c! = '\n');
cout << v0 << ";" << v1 << ";" << v2 << endl;
return 0;
}
```

如果输入 ADescriptor < CR >,则输出为_____。

10. 阅读以下程序,程序的最后输出为_____。

```cpp
#include   <iostream>
using namespace std;
int main()
{
  int k = 0;
  char c = 'A';
  do{
    switch(c ++)
    {
      case 'A': k ++;break;
      case 'B':k -- ;
      case 'C': k += 2;break;
      case 'D':k = k% 2;continue;
      case 'E':k = k * 10;break;
      default:k = k /3;}
    k ++ ;
  }
```

```
        while( c < 'G' );
        cout << "k =" << k << endl;
        return 0;
    }
```

11. 阅读以下程序,程序的最后输出为_____。

```
#include    <iostream >
using namespace std;
int main( )
{
    int x,i;
        for( i =1;i <=100;i ++ )
        {   x =i;
            if( ++x% 2 ==0)
            if( ++x% 3 ==0)
            if( ++x% 7 ==0)
            cout << x ;
        }
    return 0;
    }
```

12. 假设有语句如下:

```
    int k =10;
    while( k =0)   k =k -1;
```

则下面描述中正确的是_____。

A. While 循环执行了 10 次   B. 循环是无限循环

C. 循环体语句一次也不执行   D. 循环体语句执行一次

13. 若 i 为整型变量,则以下循环执行次数是_____。

```
    for( i =2;i ==0;) cout << i -- << endl;
```

A. 无限次   B. 0 次   C. 1 次   D. 2 次

14. 阅读以下程序,其运行结果为_____。

```
#include  <iostream >
using namespace std;
int main( )
{
        int x,y;
        x =y =0;
        while( x <15) y ++,x +=++y;
        cout << "y =" << y << " x =" << x << endl;
```

```
        return 0;
    }
```

15. 阅读以下程序,其运行结果为_____。
```
#include    < iostream >
using namespace std;
int main( )
{
    int a =10,y =0;
    do
    {   a +=2;y +=a;
        if(y >50) break;
    }while( a =14);
    cout <<"a = "<<a <<"   y = "<<y <<endl;
    return 0;
}
```

16. 以下程序的功能是实现:求 n 项之和 $s = 2 + 22 + 222 + \cdots + 22\cdots22$。将程序补充完整。
```
#include < iostream >
using namespace std;
void main( )
{
    int count =1;
    long a =2,n,sn =0,tn =a;
    cin >>n;
    while( count <=n)
    {
        _____; _____;
        _____;
    }
    cout << sn;
}
```

17. 以下程序的功能是实现 $\sin(x)$ 的计算,$\sin(x)$ 的近似值按如下公式计算

$$\sin(x) = \frac{x}{1!} - \frac{x^3}{3!} + \frac{x^5}{5!} - \frac{x^7}{7!} + \cdots = \sum_{n=0}^{\infty} (-1)^n \frac{x^{2n+1}}{(2n+1)!}$$

计算精度为 10^{-6},将程序补充完整。
```
void main( )
{
    double  x;
```

```
cin >>x;
double p =0.000001,g =0,t =x;
int n =1;
do {
  g =g +t;
  n ++;
  _____
}while( abs( t) >=p);
}
```

18. 以下程序的功能是实现:求 100 以内满足"各位数字之积小于各位数字之和"的整数,将程序补充完整。

```
#include < iostream >
using namespace std;
void main( )
{
  int i,mul,sum ,t;
  for( i =1;i <100;i ++)
  {
    t =i;
    _____;_____;
    while( t! =0)
    {
      mul *=t%10;
      sum +=t%10;
      _____
    }
    if( mul < sum) cout << i <<"  ";
  }
}
```

二、程序题

1. 编写程序,求 $x = 1 - 1/22 + 1/333 - 1/4444 + 1/55555 - \cdots + 1/999999999$。

_____

_____

_____

_____

_____

2. 数学中有一种水仙花数(三位数),它本身恰好等于其各位数值的立方和,比如:
$153 = 1*1*1 + 5*5*5 + 3*3*3$,153 便是水仙花数。那么是否存在这样的四位数,它本身也恰好等于其各位数值的四次方之和。

试编程求这样的四位数。

3. 每个苹果0.8元,第一天买两个苹果,第二天买前一天的两倍,直至购买的苹果个数达到不超过100的最大值。编写程序求每天平均花多少钱?

4. 前些年我国房价飞涨。假设你现在毕业,中意买的一套房子,一共 120 平方米,房价为每平米 10 000 元。你找了一家单位,每月工资 3 000元,每年工资上涨 10%,房价上涨 1%,请问,你不吃不喝不贷款,多少年可以买下此房?

编程实现计算过程。

第 3 章　　函数与编译预处理

 教学重点

1. 掌握函数的定义与调用方法；
2. 掌握形参与实参、参数值的传递；
3. 掌握函数的调用、嵌套调用、递归调用；
4. 函数的重载与内联；
5. 理解局部变量与全局变量；
6. 理解变量的存储类别；
7. 理解内部函数与外部函数；
8. 理解编译预处理的含义和内容。

习题一　函数的概念

一、填空题

1. 结构化程序设计的基本单位是＿＿＿＿＿＿＿＿＿＿，一个可执行程序有且仅有一个＿＿＿＿＿＿＿＿＿＿＿，它在程序中书写的位置是＿＿＿＿＿＿＿＿＿。

2. C++ 函数定义包括函数的首部和函数的实现,函数的首部包括＿＿＿＿＿＿＿＿＿、＿＿＿＿＿＿＿＿＿和＿＿＿＿＿＿＿＿＿ 3 部分。

3. 在一个函数调用另外一个函数前需要对被调用函数进行声明,声明一般使用＿＿＿＿＿＿＿＿＿的方式,函数原型的写法有两种,一种是原型和函数的定义的首部相同,另一种是＿＿＿＿＿＿＿＿＿。

4. 如果一个函数没有返回值,可以定义成＿＿＿＿＿＿＿＿＿类型,一个具有非空类型的函数可以有＿＿＿＿＿＿＿＿＿个 return 语句,函数执行遇到 return 语句后即结束本函数的执行,返回到调用函数处。

5. 程序中是通过对函数的调用来执行函数体的,函数调用的一般形式为:＿＿＿＿＿＿＿＿＿。对无参函数调用时则无实际参数表(但是括号不能省略),实际参数表中的参数应该是与对应形参类型相同的＿＿＿＿＿＿＿＿＿、＿＿＿＿＿＿＿＿＿或表达式,各实参之间用逗号分隔(注意调用时不需要写实参的类型)。

二、程序填空

1.

```
# include < iostream >
using namespace std;

_____

{
    return 3.14 * radius * radius * height;
}
void main( )
{   double vol, r, h;
        cin >> r >> h;
        vol = volume ( r,  h );
        cout << "Volume =" << vol << endl;
}
```

2.

```
# include < iostream >
using namespace std;
_____                // 函数原型
void main( )
{   double a, b, c, m1, m2;
    cout << "input a, b, c : \n";
    cin >> a >> b >> c;
    m1 = max( a, b );                  // 函数调用
    m2 = max( m1, c );
    cout << "Maximum =" << m2 << endl;
}
_____                // 函数定义
{   if ( x > y ) return x;
    else return y;
}
```

3.

```
void printmessage ( )
    {   cout << "How do you do!" << endl;
    }
void main( )
{_____}
```

三、编程题

1. 编写函数用以求表达式 $x^2 - 5x + 4$ 的值,其中 x 的值作为实参传递。在此基础上调用此函数求:

$y1 = 2^2 - 5 \times 2 + 4$, $y2 = (x + 15)^2 - 5 \cdot (x + 15) + 4$, $y3 = \sin^2 x - 5\sin x + 4$。

2. 给定平面直角坐标系中 $A(x_1, y_1)$, $B(x_2, y_2)$, $C(x_3, y_3)$ 3 个点,请判断 3 个点能否构成三角形(两点之间求距离用函数实现)。

班级＿＿＿＿＿＿＿ 学号＿＿＿＿＿＿＿ 姓名＿＿＿＿＿＿＿

习题二 函数的参数

一、填空题和选择题

1. C++ 函数的参数传递一般包括 3 种形式：＿＿＿＿＿＿、＿＿＿＿＿＿ 和 ＿＿＿＿＿＿。值传递的参数一般是基本类型，＿＿＿＿＿＿参数的类型一般是指针类型，＿＿＿＿＿＿参数类型的参数是引用类型。

2. 选择合适的答案填在括号内(可多选)。

值传递( )

指针传递( )

引用传递( )

A. 函数调用时要为形式参数分配存储空间

B. 函数调用时不需要为形式参数分配存储空间

C. 函数调用时,实参把值传递给形式参数

D. 函数调用时,形参和实参共用同一个存储单元

3. 在 C++ 中,关于为函数设置参数默认值的描述中,( )是正确的。

A. 不允许设置参数的默认值

B. 设置参数默认值只能在定义函数时设置

C. 设置参数默认值时,应该先设置右边的再设置左边的

D. 设置参数默认值时,应该全部参数都设置

4. 下列函数声明正确的是( )。

A. int add(int x , int y = 5 , int z = 6) ;

B. int add(int x = 1 , int y = 5 , int z) ;

C. int add(int x = 1 , int y , int z = 6) ;

D. int add(int x = 1 , int y , int z) ;

二、根据程序写结果

1.

```cpp
#include < iostream >
using namespace std;
void Swap1( int a , int b );
int main( )
{
    int x(5) , y(10);
    cout <<"x = " <<x <<" y = " <<y <<endl;
```

```cpp
        Swap1(x,y);
        cout <<"x ="<<x<<" y ="<<y<<endl;
        return 0;
    }
    void Swap1(int a, int b)
    {
        int t;
        t =a;  a =b;   b =t;
         cout <<"a ="<<a<<" b ="<<b<<endl;
    }
```

2.

```cpp
    #include <iostream>
    using namespace std;
    void Swap2(int *a, int *b);
    int main( )
    {
        int x(5), y(10);
        cout <<"x ="<<x<<" y ="<<y<<endl;
        Swap2(&x,&y);
        cout <<"x ="<<x<<" y ="<<y<<endl;
        return 0;
    }
    void Swap2(int *a, int *b)
    {
        int t;
        t = *a;  *a = *b;  *b =t;
         cout <<" *a ="<< *a <<" * b ="<< *b <<endl;
    }
```

3.

```cpp
    #include <iostream>
    using namespace std;
    void Swap3(int &a, int &b);
    int main( )
    {
        int x(5), y(10);
```

```cpp
        cout <<"x =" << x <<" y =" << y << endl;
        Swap1(x,y);
        cout <<"x =" << x <<" y =" << y << endl;
        return 0;
    }
    void Swap3(int &a, int &b)
    {
        int t;
        t = a; a = b; b = t;
         cout <<"a =" << a <<" b =" << b << endl;
    }
```

4.

```cpp
    #include < iostream >
    using namespace std;
    int f1(int m, int &n,int * p)
    {   int a,b;
        a = n ++;
        b = -- m;
        * p = a * b;
        return(a + b);
    }
    main()
    {
        int a,b,c,d;
        a = 3; b = 5;
        cout <<"a =" << a <<"b =" << b << endl;
        d = f1(a,b,&c);
        cout <<"a =" << a <<",b =" << b <<",c =" << c <<",d =" << d
         << endl;
        d = f1(a,b,&c);
        cout <<"a =" << a <<",b =" << b <<",c =" << c <<",d =" << d
         << endl;
    }
```

三、程序填空并写出结果

```cpp
#include <iostream>
using namespace std;
void fabnacc(int *a,int n)
{
    for(int i=2;i<=n-1;i++)
        a[i]=a[a[i-1]]+1;
}
main()
{
    const int N=10;
    int a[N]={1,1};

    _____
    for(int i=0;i<N;i++)
        cout<<a[i]<<"\t";
}
```

运行结果为：_____

四、编程题

1. 编写求 e^x 的函数，e^x 可以用 $e^x = \sum\limits_{I=0}^{\infty} \frac{x^n}{n!}$（最后一项小于 10^{-6}）表达，求 e^3，$e^{\frac{1}{2}}$ 的值。

2. 编写程序验证哥德巴赫猜想,给定任意一个大于 6 的偶数,均可以分解两个素数之和。例如:6 = 3 + 3, 12 = 5 + 7。

基本算法如下:

把一个偶数 n 分解为两个数 a,b,其中 b = n − a;显然,如果 a,b 均为素数则得出结果,否则重新给出 a 进行试探。

继续细化:试探从 3 开始,每次 + 2,因为偶数不可能是素数,测试到 n 的一半即可。判定某个数是否为素数,用函数实现。

判定某个数 n 是否为素数可用试探法:用 2 到 √n 去除这个数,只要有一个数能够整除它,则 n 不是素数。函数实数对返回 false 表示不是素数,若返回 true 则表示是素数。

主程序 N-S 图:

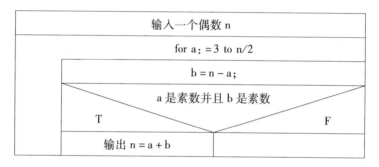

判定素数 N-S 图:

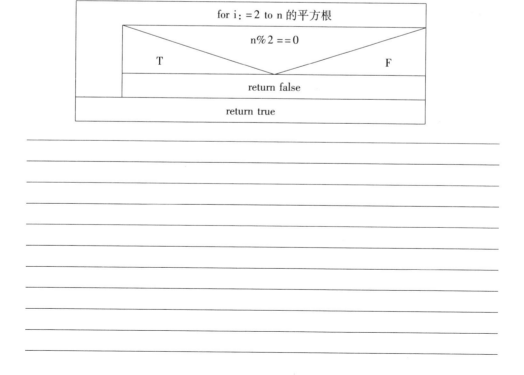

3. 编写函数 sort,要求对某个数组中的数据进行从小到大排序,并在主程序中输出排序结果。

习题三　内联函数和函数重载

一、填空题与选择题

1. 内联函数是 C++ 为降低小程序调用开销的一种机制。内联函数作用：减少频繁调用小子程序运行的 ＿＿＿＿＿＿＿＿ 开销；系统对内联函数调用的处理机制：＿＿＿＿＿＿＿＿时，将内联函数的调用以相应代码代替。

2. 函数重载是以同一个名字命名多个函数实现版本，多个＿＿＿＿＿＿＿＿函数有＿＿＿＿＿＿＿＿的参数集。编译器根据不同参数的＿＿＿＿＿＿＿＿和＿＿＿＿＿＿＿＿产生调用匹配，函数重载用于处理不同数据类型的类似任务。

3. 在一个函数中，要求通过函数来实现一种不太复杂的功能，并且要求加快执行速度，选用( )合适。

A. 内联函数　　　　B. 重载函数　　　　C. 递归调用　　　　D. 嵌套调用

4. 采用函数重载的目的在于( )。

A. 实现共享　　　　　　　　　　B. 减少空间

C. 提高速度　　　　　　　　　　D. 使用方便，提高可读性

5. 不能作为函数重载判断依据的是( )。

A. 返回类型　　　　B. const　　　　C. 参数个数　　　　D. 参数类型

二、程序填空

```
＿＿＿＿＿＿＿＿ double volume ( double, double) ;　//函数原型
void main ( )
{
    double vol, r, h ;
    cin >> r >> h ;
    vol = volume ( r, h );
    cout << "Volume =" << vol << endl ;
}

＿＿＿＿＿＿＿＿＿＿＿＿＿＿＿＿＿＿＿＿＿
{
    return   3.14 * radius * radius * height;
}
```

三、编程题

1. 编写重载函数,分别求两个整数、三个浮点数以及一个整数数组的和。

_____

_____

_____

_____

_____

_____

_____

_____

_____

_____

_____

_____

_____

_____

_____

2. 寻找并输出 $11 \sim 999$ 之间的数 m,它满足 m,m^2 和 m^3 均为回文数。

主程序 N-S 图:

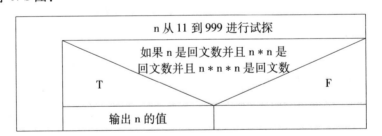

判断一个数 n 是否为回文数函数的 N-S 图:

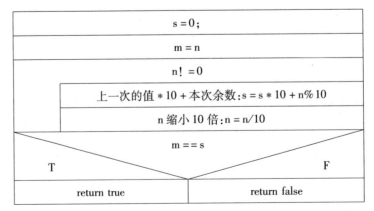

```
#include <iostream>
using namespace std;
void main( )
{
```

_____

_____

_____

_____

_____

_____

_____

_____

_____

_____

_____

_____

_____

习题四　函数的嵌套调用和递归调用

一、填空题

函数直接或间接地调用自身,称为＿＿＿＿＿＿＿＿。递归调用中一般将一个问题转换为另一个问题,而新问题的解决方法与原问题＿＿＿＿＿＿＿＿,只是有规律地增加或减少,而且新问题比原问题更易于解决。递归应有一个＿＿＿＿＿＿＿＿。

二、程序填空

1. 二分法求方程的根。根据零点定理:设函数 $f(x)$ 在闭区间 $[a,b]$ 上连续,且 $f(a)$ 与 $f(b)$ 异号(即 $f(a) \cdot f(b) < 0$),那么在开区间 (a,b) 内至少有函数 $f(x)$ 的一个零点,即至少有一点 $\xi(a < \xi < b)$ 使 $f(\xi) = 0$。

用二分法求函数 $f(x)$ 零点近似解的步骤如下:

① 确定区间 $[a,b]$,验证 $f(a) \cdot f(b) < 0$,给定精确度 ε;

② 求区间 (a,b) 的中点 x_1;

③ 求 $f(x_1)$,若 $f(x_1) = 0$,则 x_1 即方程的根;

④ 若 $f(a) \cdot f(x_1) < 0$,则令 $b = x_1$,反之,则令 $a = x_1$;

⑤ 判断是否达到精确度,若 $a - b < \varepsilon$,x_1 即方程的根,否则重复②~④。

```cpp
#include <iostream>
#include <cmath>
using namespace std;
double const eps = 1e - 6;
double const delta = 1e - 6;
float f(float x)
{
    return x * x * x + x * x - 3 * x - 3;
}
float bisection(float a, float b)
{
 float c, fc, fa = f(a), fb = f(b);
 while(fabs(b - a) > eps)
 {
  c = (a + b)/2;
  _____
   if(fabs(fc) < delta)
```

```
            break;
        else if( fa * fc < 0)
        {
            b = c;
            fb = fc;
        }
        else
        {

            _____
            fa = fc;
        }
    }
    return c;
}


void main()
{
    float a,b;
    float x;
    do
    {
        cout <<"输入 a 和 b"<<endl;
        cin >>a >>b;
    }while( f(a) * f(b) >=0);

    _____
    cout <<"方程的根是"<<x <<endl;
}
```

2. 输入一个整数,用递归算法将整数倒序输出。分析:在递归过程的递推步骤中用求余运算将整数的各个位分离,并输出。

```
#include <iostream>
using namespace std;

void backward( int n){
    cout <<n% 10;
    if( n <10)return;
    else _____
}
```

```cpp
void main(){
    int n;
    cout <<"输入整数:"<<endl;
    cin >>n;
    cout <<"原整数:"<<n <<endl <<"反向数:";
    backward(n);
    cout <<endl;
}
```

三、根据程序写结果

```cpp
#include <iostream>
using namespace std;
void p2(int w)
{
    int i;
    if(w>0)
    {
        p2(w-1);
        for(i=1;i<=w;i++)
            cout <<'\t'<<i;
        cout <<endl;
        p2(w-1);
    }
}
void main()
{
 p2(4);
}
```

四、编程题

1. 利用递归方法求 x^n，n 为整数。

_____

_____

_____

_____

_____

_____

_____

_____

_____

_____

_____

_____

_____

_____

_____

_____

2. 用递规方法求 n 阶勒让德多项式的值。

$$pn(x) = \begin{cases} 1 & (n=0) \\ x & (n=1) \\ ((2n-1)*x - pn-1(x) - (n-1)*pn-2(x)/n & (n>1) \end{cases}$$

习题五 变量和函数的属性

一、填空题

1. 在所有函数之外定义的变量称为＿＿＿＿＿＿＿＿。其在编译时建立在全局数据区,在未给出初始化值时系统自动初始化为0。

＿＿＿＿＿＿＿＿＿＿＿＿称为局部变量。局部变量在程序运行到它所在的块时建立在栈中,该块执行完毕局部变量占有的空间即被释放。

2. ＿＿＿＿＿＿决定了变量的生命期,变量生命期指从获得空间到空间释放之间的时期。

存储类型的说明符有 4 个:＿＿＿＿＿＿、＿＿＿＿＿＿、＿＿＿＿＿＿ 和＿＿＿＿＿＿。前两者称为自动类型,后两者分别为静态和外部类型。

static:静态变量。根据被修饰变量的位置不同,分为局部(内部)静态变量和全局(外部)静态变量。所有静态变量均存放在＿＿＿＿＿＿,编译时获得存储空间,未初始化时自动＿＿＿＿＿＿,且只初始化＿＿＿＿＿＿。

3. 被定义为形参的是在函数中起＿＿＿＿＿＿作用的变量,形参只能用＿＿＿＿＿＿表示。实参的作用是＿＿＿＿＿＿＿＿＿＿,实参可以用＿＿＿＿＿＿、＿＿＿＿＿＿、＿＿＿＿＿＿表示。

4. 局部域包括＿＿＿＿＿＿、＿＿＿＿＿＿和＿＿＿＿＿＿。使用局部变量的意义在于＿＿＿＿＿＿＿＿＿＿＿＿。

5. 静态局部变量存储在＿＿＿＿＿＿区,在＿＿＿＿＿＿时建立,生存期为＿＿＿＿＿＿,如定义时未显式初始化,则其初值为＿＿＿＿＿＿。

6. 局部变量存储在＿＿＿＿＿＿区,在＿＿＿＿＿＿时建立,生存期为＿＿＿＿＿＿,如定义时未显式初始化,则其初值为＿＿＿＿＿＿。

二、根据程序写结果

1.

```
#include <iostream>
using namespace std;
int n =100;
void main(){
int i =200,j =300;
cout << n <<'\t'<<i <<'\t'<<j <<endl;
{  //内部块
    int i =500,j =600,n;
```

程序运行结果:

```
        n = i + j;
        cout << n << '\t' << i << '\t' << j << endl;
        //输出局部变量 n
        cout << ::n << endl; //输出全局变量 n
    }
    n = i + j;              //修改全局变量
    cout << n << '\t' << i << '\t' << j << endl;
}
```

2.

```
int a = 3, b = 5;
int sub( int a, int b)
{
    return a - b;
}    /* 在此函数体内,外部量 a, b 不起作用  */
void main( )
{   int a = 6;
    cout << sub( b, a);
}
```

程序运行结果:

3.

```
#include < iostream >
using namespace std;
int func( int);
void main()
{    int c = 3;
    cout << func( c) << endl;
    cout << func( c) << endl;
}
int func( int c)
{ int a = 0;              //自动变量
  static int b = 1;          //静态变量
  a ++;
  b ++;
  c ++;
  cout << "auto a =" << a << endl;
  cout << "static b =" << b << endl;
  return a + b + c;
}
```

程序运行结果:

习题六 扩展部分

一、函数的返回值

◇ 函数的返回值是通过匿名对象返回的。匿名对象的类型是函数值的类型，return 语句把表达式的值赋给匿名对象。

◇ 函数的返回值也可以是指针类型和引用类型，需要注意的是，不能够返回局部变量的指针或者引用。

下列程序是非存在错误，如果程序正确请写出结果，如不正确请写出错误原因。

1.

```cpp
#include <iostream>
using namespace std ;
int * maxPoint( int * x, int * y ) ;
void main()
{ int a, b ;
  cout << "Input a, b : " ;
  cin >> a >> b ;
  cout << * maxPoint( &a, &b ) << endl ;
}
int * maxPoint( int * x, int * y )
{ if ( * x > * y )  return x ;
  return y ;
}
```

程序运行结果：

2.

```cpp
#include <iostream>
using namespace std ;
int * f1Warning()
{ int temp = 100 ;
  return & temp ;
}
void main()
{ cout << "temp =" << * f1Warning() << endl;
}
```

程序运行结果：

3.

```cpp
int & maxRef( int & , int & ) ;
void main( )
{ int a, b ;
  cout <<"Input a, b : " ;
  cin >>a >>b ;
  cout <<maxRef( a, b ) <<endl ;
}
int & maxRef( int & x, int & y )
{ if ( x >y ) return x ;
  return y ;
}
```

程序运行结果:

4.

```cpp
#include < iostream >
using namespace std ;
int & f2Warning( )
{int temp =100 ;
  return temp;
}
void main( )
{ cout < <"temp =" < <  f2Warning ( ) < <
endl;
}
```

程序运行结果:

二、指向函数的指针

◇ 经过编译后的函数就是一串二进制代码,这些代码需要调入内存才能得到执行,因此函数和变量一样,在内存中也有一块存储区域。每一个函数模块都有一个首地址,称为函数的入口地址(函数指针)。函数调用是通过找到函数入口地址传递参数。函数名就是函数入口地址。

若有 double XX (double, double) ; 则可以定义指向这类函数的指针变量:_____。

1. 程序填空

```cpp
#include < iostream >
using namespace std ;
int sum ( int x , int y ){return x +y ; }
int product ( int x, int y ){return x *y ; }
```

```
void main( )
{    _____
     int a, b, result ;
     cout <<"a =" ; cin >>a ;
     cout <<"b =" ; cin >>b ;
     _____ result =pf (a, b) ;
     cout <<a <<" +" <<b <<" =" << result <<endl ;
     pf =product ;    _____
     cout <<a <<" *" <<b <<" =" <<result <<endl;
}
```

2. 求定积分

$$y_1 = \int_0^1 (1+x^2)\,dx$$

$$y_2 = \int_0^2 (1+x+x^2+x^3)\,dx$$

$$y_3 = \int_0^{3.5} \left(\frac{x}{1+x^2}\right)dx$$

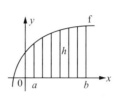

分析,编写一个求定积分的通用函数:

```
float integral(float ( *fun)(float), float a, float b);
```

其中,a,b 表示积分区间,fun 是函数指针。

函数 f 在区间[a,b]的定积分公式:

$$s = h\left[\frac{f_{(a)}+f_{(b)}}{2}+f(a+h)+f_{(a+2h)}+\cdots\cdots+f_{(a+(n-1)h)}\right]$$

需要积分的函数是:

$f1_{(x)} = 1+x^2$

$f2_{(x)} = 1+x+x^2+x^3$

$f3_{(x)} = \dfrac{x}{1+x^2}$

程序:

```
float f1( float x)
{
  float f;
  f =1 +x * x;
  return f;
}
  float f2( float x)
{
  float f;
```

```
        f = 1 + x + x * x + x * x * x;
        return f;
    }
        float f3(float x)
    {
        float f;
        f = x/(1 + x * x);
        return f;
    }
    float integral(float ( * fun)(float), float a, float b)
    {
        float s, h, y;
        int n, i;
        _____
        n = 100;
        h = (b - a)/n;
        for(i = 1; i < n; i ++)
        _____
        y = s * h;
        return y;
    }
    void main()
    {
        float y1, y2, y3;
        _____;
        y2 = integral(f2, 0.0, 2.0);
        y3 = integral(f3, 0.0, 3.5);
        cout << y1 << y2 << y3;
    }
```

三、命令行参数

如我们可以在 windows 的命令提示符窗口或者运行的命令行部分输入 ping 202. 195.163.1 等。这里,如我们 ping 是一个应用程序名,202.195.163.1 则是命令行参数。程序如何获取命令行参数呢?

因为 main 函数可以带参数。main 函数的参数不像一般的函数那样被用来完成函数间的通信,它的参数是由程序设计人员在执行该文件的命令行时输入的,并由操作系统传递给 main 函数。所以,main 函数的参数被称为"命令行参数"。

main 函数的参数格式如下：

```
main(int argc, char *argv[ ])   //argc 和 argv 是 main 函数的形参
```

其中：第 1 个形参 argc 是整型变量，它存储用户从键盘输入的字符串的数目（包括可执行文件名），表示命令行中参数的个数。由于系统至少要传递给 main 函数一个运行文件名，所以 arge 的最小值是 1。第 2 个参数 *argv[ ] 是字符指针数组，数组中元素顺序存储用户从键盘输入的具体字符串的首址。其中 argv[0] 指向该文件名的文件头。

```
main(int argc,char *argv[])
{   while(argc >1)
    {   ++argv;
        cout << *argv <<endl;
        --argc;
    }
}
```

执行程序：

命令行：

    disp China Beijing Chongqing（加回车）

结果：

_____

_____

_____

第4章　数组、指针与引用

教学重点	1. 掌握一维、二维数组的定义和使用；
	2. 掌握指针变量的定义和使用；
	3. 掌握使用指针变量操作数组的方法；
	4. 掌握字符数组和指针的使用；
	5. 掌握引用的定义与使用。

习题一　一维数组的定义和使用

一、填空题

1. 数组定义时所涉及到的三个要素分别为：数组的＿＿＿＿＿＿、数组的＿＿＿＿＿＿及数组的＿＿＿＿＿＿。定义时数组的长度必须用＿＿＿＿＿＿表达式来表示，而且为了使数组的大小修改更为方便，最好用＿＿＿＿＿＿＿＿来声明数组的长度。

2. 数组中元素的访问是按元素在数组中的位置进行的，表示时通过＿＿＿＿＿＿和＿＿＿＿＿＿来进行。

3. 若一维数组长度为 N，则元素的最小、最大下标分别为＿＿＿＿＿＿和＿＿＿＿＿＿。

4. 当定义了一个一维数组后，系统将为其分配一块＿＿＿＿＿＿内存单元并按＿＿＿＿＿＿的先后顺序依次存放各元素的值。对 int a[5]，5 个元素的存放顺序依次为＿＿＿＿＿＿＿＿＿＿＿＿。

二、是非题（判断下列各陈述是否正确，正确请在圆括号中写 T、错误写 F。）

1. 定义数组时，数组的长度可以用整型变量来表示。　　　　　　　　（　　）
2. 对数组元素进行初始化时，数据项的数目可以大于或等于数组元素的个数。（　　）
3. 程序设计中用常变量或符号常量来表示数组长度是比较科学的方法。（　　）
4. C++语言对数组元素不作越界检查。　　　　　　　　　　　　　　（　　）
5. C++中，对数组元素进行单个或整体的赋值、输入或输出都是可以的。（　　）
6. 数组定义时如果未进行初始化，则全部元素均为 0 值。　　　　　（　　）

7. 如给全部元素赋初值,则在数组定义时可以不给出数组元素的长度。 ( )

8. 定义数组时,数组名可以与普通变量同名。 ( )

9. C++中各数组元素是连续存储在内存单元中的。 ( )

三、选择题

1. 如有定义 int a[20],下面正确地应用数组元素的表达式是( )。

A. a[20]　　　　　B. a[3,5]　　　　　C. a(5)　　　　　D. a[10 - 10]

2. 在 int a[5] = {1,3,5};中,数组元素 a[1]的值是( )。

A. 1　　　　　　B. 0　　　　　　C. 3　　　　　　D. 2

3. 要声明一个有 10 个 double 型元素的数组,正确的语句是( )。

A. double a[10];　　　　　　　　　B. double a[2,5];

C. double a[ ];　　　　　　　　　　D. double * a[10];

4. 在 C++语言中,引用数组元素时,其数组下标的数据类型允许是( )。

A. 只能是整型常量　　　　　　　　B. 只能是整型变量

C. 整型常量或整型表达式　　　　　D. 任何类型的表达式

5. 下列数组初始化的方式中,( )是允许的。

A. float f[ ] = { };　　　　　　　　B. float f[100] = { };

C. float f[5] = 1.2;　　　　　　　　D. float f[2] = {0,1,2};

四、读程序写结果

1.
```cpp
#include <iostream >
using namespace std;
void main()
{
    int num[10] ={1};
    int i,j;
    for(j =0;j <10; ++j)
        for(i =0;i <j; ++i)
            num[j] =num[j] +num[i];
    for(j =0;j <10; ++j)
        cout <<" "<<num[j];
    cout <<endl;
}
```

程序运行结果为:＿＿＿＿＿＿＿＿＿＿＿＿＿＿＿＿＿

2. 根据程序写出结果。程序运行时从键盘上输入:1　 -3　5　3　 -9<回车>。

```cpp
# include <iostream >
```

```
    using namespace std;
    void main()
    {
        int i,a[5],sum,count;
        sum = count = 0;
        for(i = 0;i < 5;i ++)
            cin >> a[i];
        for(i = 0;i < 5;i ++)
            if(a[i] > 0)
            {
                count ++;
                sum += a[i];
            }
        cout << "sum =" << sum << ",count =" << count << endl;
    }
```

程序运行结果为：_____

3.
```
    #include < iostream >
    using namespace std;
    void main()
    {
        int t,i,a[10] = {1,2,3,4,5,6,7,8,9,10};
        t = a[9];
        for(i = 9;i > 1;i = i - 2)
            a[i] = a[i - 2];
            a[1] = t;
        for(i = 0;i < 10;i ++)
            cout << " " << a[i];
        cout << endl;
    }
```

程序运行结果为：_____

4.
```
    #include < iostream >
    using namespace std;
    void main()
    {
        int i,count = 0;
```

```
float average,sum(0);
int a[] ={1,2,3,4,5,6,7,8,9,10};
 for (i =0;i <10;i ++)
{
    if (a[i]% 2 ==0) continue;
    sum +=a[i];
    count ++;
}
average =sum/count;
cout <<"count ="<< count <<'\t'<<"average ="<<aver-
age <<endl;
}
```
程序运行结果为:_____

五、程序填空

1. 程序读入 20 个整数,统计非负数个数,并计算非负数之和。

```
#include <iostream >
using namespace std;
void main(void)
{
    _____
    int i,a[N],s,count; //count 和 s 分别用来统计非负数个数及和
    s =count =0;
    for(i =0;i <N;i ++)
        cin >>_____
    for(i =0;i <N;i ++)
    {
      if(a[i] <0)

        _____
      s +=a[i];

        _____
    }
    cout <<"s ="<<s <<" count  ="<< count <<endl;
}
```

2. 以下程序将数组中的数据按逆序存放。

```
#include <iostream >
using namespace std;
```

```cpp
void main()
{
    const int N =9;
    int a _____,i,j,t;
    for(i =0;i <N;i ++)
        cin >>a[i];
    i =0;j =N;  //暗示 a[i]和 a[j -1]互换
    while(_____)
    {
        t =a[i];
        _____
        _____
        i ++;
        j _____;
    }
    for(i =0;i <N;i ++)
        cout <<"   "<<a[i];
    cout <<endl;
}
```

3. 下面的程序利用选择法对从键盘输入的 10 个数按照从小到大的顺序排序。

```cpp
#include <iostream>
using namespace std;
void main()
{
    int a[10],i,j,k,n =10;
    for(i =0;i <n;i ++)
        _____
    for(i =0;i <n -1;i ++)
    {
        k =i;
        for(j =i +1;j <n;j ++)
            if(_____)   k =j;
        if(_____)
        {
            int t =a[i];
            _____;
            a[k] =t;
```

```
            }
        }
        for(i = 0;i < n;i ++) cout << a[i] <<"  ";
        cout << endl;
    }
```

六、编程题

1. 编程统计出具有 n 个元素的一维数组中大于等于所有元素平均值的元素个数并输出它们。

2. 定义一个含有 30 个整型元素的数组,按顺序分别赋予从 2 开始的偶数;然后按顺序将该数组中每 5 个数求出一个平均值保存到另一个数组中并输出。试编程。

3. 设数组中 n 个数已按由小到大顺序排列好,现要求从键盘上输入一个数并把它插入到该数组中,插入后数组仍然保持有序。请编程实现该功能并同时完成数组的输入和输出。

习题二　二维或多维数组的定义和使用

一、填空题

1. 数组的维数是指数组元素的下标个数,一维数组的元素只有＿＿＿＿＿＿＿＿下标,二维数组的元素则有＿＿＿＿＿＿＿＿下标。

2. C++中多维数组用的是＿＿＿＿＿＿＿＿的定义,即二维数组的每个元素都是一个一维数组,而三维数组的每个元素则是一个＿＿＿＿＿＿＿＿数组。

3. 二维数组元素的引用形式为＿＿＿＿＿＿＿＿＿＿＿＿＿＿＿。与一维数组一样,系统也分配一块连续的内存单元并按维的先后顺序依次存放各元素的值。若有int a[2][3],则六个元素的存放顺序依次为＿＿＿＿＿＿＿＿＿＿＿＿＿＿＿。

4. 若 double a[3][5];则 a 中元素的第一维下标的下限为＿＿＿＿＿＿＿＿,第二维下标的上限为＿＿＿＿＿＿＿＿。

5. 若有定义:int a[3][4]={{1,2},{0},{4,6,8,10}};则初始化后,a[1][2]的值为＿＿＿＿＿＿＿＿,a[2][1]的值为＿＿＿＿＿＿＿＿。

6. 如果对二维数组的全部元素都赋初值,则定义数组时,＿＿＿＿＿＿＿＿的长度可以不指定。

7. 若二维数组 a 第二维的长度为 m,则计算任一元素 a[i][j]在数组中位置的公式为＿＿＿＿＿＿＿＿(设 a[0][0]位于数组的第一个元素的位置上)。

二、选择题

1. 在 int a[ ][3]={{1},{3,2},{4,5,6},{0}};中,a[2][2]的值是(　　　)。
A. 6　　　　　　B. 0　　　　　　C. 1　　　　　　D. 2

2. 已知 int i,x[3][3] = {1,2,3,4,5,6,7,8,9};则下面语句的输出结果是(　　　)。
```
for(i =0;i <3;i ++)
        cout <<x[i][2 -i] <<"  ";
```
A. 1 5 9　　　B. 1 4 7　　　C. 3 6 9　　　D. 3 5 7

3. 以下对二维数组 a 的正确声明是(　　　)。
A. int a[3][ ]　　　　　　　　B. float a(3,4)
C. double a[1][4]　　　　　　D. float a(3)(4)

4. 已知 int[3][4],则对数组元素引用正确的是(　　　)。
A. a[2][4]　　　　B. a[1 +1][0]　　　C. a[1,3]　　　　D. a(2)(1)

5. 在 C++语言中,二维数组元素在内存中的存放顺序是(　　　)。
A. 按第一维下标顺序　　　　　　B. 按第二维下标顺序

C. 由用户自己定义　　　　　　　　D. 由编译器决定

6. 以下能对二维数组 a 进行正确初始化的语句为(　　)。

A. int a[2][ ] = {{1,0,1},{5,2,3}};

B. int a[ ][3] = {{1,2,3},{5,2,3}};

C. int a[2][4] = {{1,0,1},{5,2,3},{6}};

D. int a[ ][3] = {{0,1,2,3},{ },{5,2,3}};

7. 若有 int a[ ][3] = {1,2,3,4,5,6,7};则 a 的第一维的大小是(　　)。

A. 出错,无法确定　　B. 2　　　　　　　　C. 4　　　　　　　　D. 3

三、读程序写结果

1.

```cpp
#include <iostream>
#include <iomanip>
using namespace std;
void main()
{
    const int N = 3;
    int a[N][N],i,j,n = 1;
    for(i = 0;i < N;i ++)
        for(j = 0;j < N;j ++)
            a[i][j] = n ++;
    cout << "The result is:" << endl;
    for(i = 0;i < N;i ++)
    {
        for(j = 0;j <= i;j ++)
            cout << setw(5) << a[i][j];
        cout << endl;
    }
}
```

程序运行结果:

2.

```cpp
#include <iostream>
#include <iomanip>
using namespace std;
const int n = 5;
void main()
{
```

```
int a[n][n] = {0},i,j,k;
for(k = 1,i = 0;i < n;i ++)
    for(j = i;j >= 0;j - -,k ++)
        a[j][i - j] = k;
for(i = 0;i < n;i ++)
{
    for(j = 0;j < n;j ++)
        cout << setw(5) << a[i][j];
    cout << endl;
}
}
```

程序运行结果:

3. 若从键盘输入:1 3 5 7 9 11 回车,写出下列程序的运行结果。

```
#include <iostream>
#include <iomanip>
using namespace std;
void main(){
    int a[2][3],b[3][2],i,j;
    for(i = 0;i < 2;i ++)
        for(j = 0;j < 3;j ++)
            cin >> a[i][j];
    for(i = 0;i < 3;i ++)
        for(j = 0;j < 2;j ++)
            b[i][j] = a[j][i];
    for(i = 0;i < 3;i ++){
        for(j = 0;j < 2;j ++)
            cout << setw(6) << b[i][j];
        cout << '\n';
    }
}
```

程序运行结果:

四、程序填空

1. 下列程序的功能是检查一个二维数组是否对称(即对所有i和j都有a[i][j] = a[j][i])。请填空。

```
#include <iostream>
using namespace std;
```

```
void main( )
{
    int a[4][4] = {1,2,3,4,2,2,5,6,3,5,3,7,4,6,7,4};
    _____ found = false;
    for( int j = 0; j < 4; j ++ )
        for( _____ ; i < 4; i ++ )
            if( a[j][i]! = a[i][j] )
            {

                _____
                break;
            }
    if( found )
        cout <<"该数组不对称!"<< endl;
    else
        cout <<"该数组对称!"<< endl;
}
```

2. 下列程序可求出矩阵 a 的两条对角线上的元素之和。请填空。

```
#include <iostream>
using namespace std;
void main( )
{
    int a[3][3] = {1,3,6,7,9,11,14,15,17};
    int sum1 = 0, sum2 = 0, i, j;
    for( i = 0; i < 3; i ++ )
        for( j = 0; j < 3; j ++ )
            if( i == j )

                _____
    for( i = 0; i < 3; i ++ )
        for( j = 2; _____ ; j -- )
            if( _____ )
                sum2 += a[i][j];
    cout <<"sum1 ="<< sum1 <<",sum2 ="<< sum2 << endl;
}
```

3. 下列程序将二维数组 a 的行和列元素互换后保存到二维数组 b 中。请填空。

```
#include <iostream>
#include <iomanip>
using namespace std;
```

```cpp
void main()
{
    int i,j,a[2][3] ={{2,4,6},{8,10,12}},b[3][2];
    cout <<"array a is:"<<endl;
    for(i =0;i <2;i ++)
    {
        for(j =0;_____;j ++)
        {
            cout <<setw(5) <<a[i][j];
            _____
        }
        cout <<endl;
    }
    cout <<"array b is:"<<endl;
    for(i =0;_____;i ++)
    {
        for(j =0;j <2;j ++)
            cout <<setw(5) <<_____;
        cout <<endl;
    }
}
```

4. 完善下列程序,使之可以输出以下二维表。

1	2	3	4	5	6
1	1	2	3	4	5
1	2	1	2	3	4
1	3	3	1	2	3
1	4	6	4	1	2
1	5	10	10	5	1

```cpp
#include <iostream>
#include <iomanip>
using namespace std;
void main()
{
    int a[6][6],i,j;
    for(i =0;i <6;i ++)
    {
        for(j =0;j <6;j ++)
```

```
        {
            if(_____)
                a[i][j]=1;
            else if(i<j)
                a[i][j] = _____;
            else
                a[i][j] = _____;
            cout <<setw(6) <<a[i][j];
        }
            _____;
        }
    }
```

五、编程题

打印以下的杨辉三角形(要求打印 10 行)。

```
1
1    2
1    2    1
1    3    3    1
1    4    6    4    1
1    5    10   10   5    1
.................................
```

提示:杨辉三角形具有如下规律。各行第一个数据都是 1;各行最后一个数据也是 1;从第三行起,除上面指出的第一个数和最后一个数外,其余各数是上一行同列的及与上一行前一列上的两个数之和。

习题三　字符数组与字符串

一、填空题

1. C++语言规定:符串结束标志为＿＿＿＿＿＿。

2. 表示一个字符串可采用＿＿＿＿＿＿维字符数组,而一次表示多个字符串则可采用＿＿＿＿＿＿维字符数组。

3. 用字符数组表示的字符串,在输入输出时既可以像其他数值型数组一样＿＿＿＿＿＿对字符进行操作,也可＿＿＿＿＿＿对字符串进行输入输出,这种操作是其他数值型数组不能进行的(选填"整体"或"逐个")。

4. 当用 cin 将字符串作为一个整体一次性输入时,是以＿＿＿＿＿＿作为终止标志的,即字符串中不能含＿＿＿＿＿＿、＿＿＿＿＿＿及＿＿＿＿＿＿等字符。如希望在整体输入时包含这些字符可使用＿＿＿＿＿＿＿＿＿＿等函数。

5. strlen( )函数用来求字符串的实际长度(不包括'\0'), strlen("\nab\0c\0")的值为＿＿＿＿＿＿, strlen("ab\n\\012\\\"")的值为＿＿＿＿＿＿。而 strlen("ab\\n\xa2\012\\\"\0abc")的值则为＿＿＿＿＿＿。

6. 字符数组中,每个 ASCII 码字符占用＿＿＿＿＿＿个字节的内存空间。若有 char c[ ] = "Programmer\nChinese\0American";则 sizeof(c)的值为＿＿＿＿＿＿＿, strlen(c)的值则为＿＿＿＿＿＿。cout << c[11]显示为＿＿＿＿＿＿, cout << c+20 则为＿＿＿＿＿＿。若有 char str[2][10] = { "C++","Basic"};则 sizeof(str)的结果为＿＿＿＿＿＿, cout << str[1][1]为＿＿＿＿＿＿,而 cout << str[1]+1 的输出则为＿＿＿＿＿＿。

二、选择题

1. 在对字符数组进行初始化时,(　　)是正确的。
A. char s1[ ] ="abcd";
B. char s2[3] ="xyz";
C. char s3[3][ ] ={'a','x','y'};
D. char s4[2][3] ={"xyz","mnp"};

2. 在将两个字符串连接起来组成一个字符串时,选用(　　)函数。
A. strlen( )　　　　B. strcpy( )　　　　C. strcat( )　　　　D. strcmp( )

3. 合法的数组初始化语句是(　　)。
A. char a = "string";
B. int a[5] = {0,1,2,3,4,5};
C. int a[ ] = "string";
D. char a[ ] = {0,1,2,3,4,5};

4. 在下述对 C++语言字符数组的描述中,有错误的是(　　)。
A. 字符数组可以存放字符串
B. 字符数组中的字符串可以进行整体输入输出

C. 可以在赋值语句中通过赋值运算符"="对字符数组整体赋值

D. 字符数组的下标从 0 开始

5. 对两个字符数组进行如下的初始化：

char str1[ ] ="Hello";

char str2[ ] = {'H', 'e', 'l', 'l', 'o'};则以下叙述正确的是(   )。

A. 两个数组完全相同   B. 两个数组长度相同

C. 两个数组存储的数据完全相同   D. str1 数组比 str2 数组长度长

三、读程序写结果

1.

```cpp
#include <iostream>
using namespace std;
void main()
{
    char a[] ="abcdabcabfgacd";
    int i1 =0,i2 =0,i =0;
    while(a[i])
    {
        if(a[i] =='a') i1 ++;
        if(a[i] =='b') i2 ++;
        i ++;
    }
    cout <<"i1 ="<< i1 <<" i2 ="<< i2 << endl;
}
```

程序运行结果为：_____

2.

```cpp
#include <iostream>
using namespace std;
int main( )
{
    char str[] ="SSSWLIA",c;
    for(int k(2);(c =str[k])! ='\0';k ++)
    {
        switch(c)
        {
        case 'I': ++k;break;
        case 'L':continue;
```

```
        default:cout << c;continue;
        }
        cout <<'#';
    }
}
```
程序运行结果为:_____

3.
```
#include <iostream>
using namespace std;
void main()
{
    int i,r;
    char s1[10] ="BUS";
    char s2[10] ="BOOK";
    for(i = r = 0;s1[i]! ='\0'&&s2[i]! ='\0';i ++)
        if(s1[i] == s2[i]) i ++;
        else{r = s1[i] - s2[i];break;}
    cout << r << endl;
}
```
程序运行结果为:_____

4.
```
#include <iostream>
using namespace std;
void main()
{
    int j,c;
    const int LEN =4 ;
    char n[2][LEN +1] ={"8980","9198"};
    for(j =LEN -1;j >=0;j --)
    {
        c =n[0][j] +n[1][j] -2 *'0';
        n[0][j] =c% 10 +'0';
    }
    for(j =0;j <=1;j ++)
        cout << n[j] << endl;
}
```
程序运行结果为:_____

5.

```cpp
#include <iostream>
using namespace std;
char input[] = "SSSWILTECH1 \1 \11W \1WALLMP1";
void main()
{
    int i;
    char c;
    for(i = 2;(c = input[i])! = '\0';i ++)
    {
        switch(c)
        {
        case 'A':cout << 'I';
            continue;
        case '1':break;
        case 1: while((c = input[ ++i])! = '\1'&&c! = '\0');
        case 9:   cout << 'S';
        case 'E':
        case 'L': continue;
        default:cout << c;
        continue;
        }
        cout << ' ';
    }
    cout << endl;
}
```

程序运行结果为:＿＿＿＿＿＿＿＿＿＿＿＿＿＿＿＿＿＿＿

四、程序填空

1. 下列程序检查字符串 str 中是否包含子字符串 sub_str,若包含则起始位置记录在 index 中。程序最后输出是否包含的提示信息。

```cpp
#include <iostream>
using namespace std;
void main()
{
    char str[100] = "How old are you?",sub_str[20] = "are";
    int i,j,k,index = -1;
```

```cpp
    for(i = 0;str[i]! = '\0';i ++)
    {
        for(j = i,k = 0;sub_str[k]! = '\0'&& _____;
        j ++ ,k ++);
        if(_____)
        {
            index = i;
            _____
        }
    }
    cout <<"字符串:"<<str;
    if(_____)
        cout <<"中,存在子字符串:"<< sub_str <<"  下标开始位置为:"
<< index << endl;
    else
        cout <<"中,不存在子字符串:"<< sub_str << endl;
}
```

2. 下面程序的功能是删除字符串 **str** 中的空格。

```cpp
    #include <iostream>
    using namespace std;
    void main()
    {
        char str[] ="How old are you?";
        int i,j;
        for(_____;str[i]! = '\0';i ++)
        {
            if(str[i] == ' ')
                _____
            else
                str[j ++] = str[i];
        }
        _____        cout << str << endl;
    }
```

五、编程题

1. 编程实现两字符串的连接,要求使用字符数组保存字符串(要求不使用库函数)。

2. 编写统计输入的正文中有多少单词的程序,这里的单词指的是用空白符分隔开的字符串。

习题四　指针与指针变量

一、填空题

1. C++语言中,变量的指针是指该变量在内存中的＿＿＿＿＿＿＿,而专门用来存放地址的变量则称为＿＿＿＿＿＿＿。

2. 通过变量名本身对变量进行存取的方式,称为＿＿＿＿＿＿＿访问,它只需访问＿＿＿＿＿＿＿次内存单元;通过指针变量作中间过渡来访问某个变量的方式称为＿＿＿＿＿＿＿访问方式,显然,这至少要访问＿＿＿＿＿＿＿次内存单元。

3. 指针变量定义的形式为:类型标识符 * 指针变量名;此处 * 表示其后定义的标识符是一个＿＿＿＿＿＿＿,而类型标识符则表示＿＿＿＿＿＿＿＿＿＿＿＿＿＿＿＿。

4. 指针变量的使用形式与它所指向变量的数据类型有关,普通形式为: * 指针变量名。这里的 * 和指针变量定义时 * 的含义是＿＿＿＿＿＿＿的,表示的是＿＿＿＿＿＿＿。若 int a, * s = &a;则 * s 表示的是＿＿＿＿＿＿＿。

5. 执行: int * var, ab; ab = 100; var = &ab; ab = * var + 10; ab 的值变为＿＿＿＿＿＿＿。

6. 有定义: double var;按要求写出下列各语句:

a) 使指针变量 p 指向 double 类型变量的定义语句是＿＿＿＿＿＿＿;

b) 使指针 p 指向变量 var 的赋值语句是＿＿＿＿＿＿＿;

c) 通过指针变量 p 用 cin 给变量 var 读入数据的语句是＿＿＿＿＿＿＿。

二、是非题(判断下列各陈述是否正确,正确请在圆括号中写 T、错误写 F。)

1. 指针是一个变量的地址值,是一个变量。　　　　　　　　　　　(　　)

2. 指针变量使用之前不仅要定义或说明,而且必须赋予具体的地址值。(　　)

3. & 既可作用于一般变量,也可作用于指针变量。　　　　　　　　(　　)

4. 为避免指针变量使用不正确,最好在定义该指针变量时赋 NULL 或 0 值。(　　)

5. & 与 * 优先级别相同,都满足右结合性。　　　　　　　　　　　(　　)

6. 设 int a = 10, * p = &a;表达式 int j = * p ++ 正确且执行后 p 仍指向变量 a。(　　)

7. 32 位计算机中,无论何种指针变量都占用 4 个字节的内存空间。　(　　)

三、选择题

1. 在 int a = 3, * p = &a;中, * p 的值是(　　　)。

A. 变量 a 的地址值　　　　　　　　B. 无意义

C. 变量 p 的地址值　　　　　　　　D. 3

2. 若有说明:int i,j = 7, * p;p = &i;则与 i = j 等价的语句是( )。

A. i = * p;　　　　B. * p = * &j;　　　　C. i = &j;　　　　D. i = * * p;

3. 已知一正确运行的程序中有这样两条语句:int * p1, * p2 = &a; p1 = b;由此可知,a 和 b 的类型分别是( )。

A. int 和 int　　　B. int 和 int *　　　C. int * 和 int　　　D. int * 和 int *

4. 已知:int a = 10, * p = &a;为了得到变量 a 的值,下列错误的表达式为( )。

A. * &p　　　B. * p　　　C. p[0]　　　D. * &a　　　E. a

5. 已知:int i = 0,j = 1, * p = &i, * q = &j;下列错误的语句为( )。

A. i = * &j;　　　　B. p = & * &i;　　　　C. i = * &q;　　　　D. j = * p ++;

四、读程序写结果

1.

```cpp
#include <iostream>
using namespace std;
void main()
{
    int * v,b;
    v = &b;
    b = 100;
    * v += b;
    cout <<"b = "<<b <<endl;
}
```

程序运行结果为:_____

2.

```cpp
#include <iostream>
using namespace std;
void main()
{
    int a = 10,b = 0, * pa, * pb;
    pa = &a; pb = &b;
    cout <<a <<","<<b <<endl;
    cout << * pa <<","<< * pb <<endl;
    a = 20; b = 30;
    * pa = a ++; * pb = ++b;
    cout <<a <<","<<b <<endl;
    cout << * pa <<","<< * pb <<endl;
    ( * pa) ++;
```

```cpp
        ++(*pb);
        cout <<a <<","<<b <<endl;
        cout << *pa <<","<< *pb <<endl;
    }
```

程序运行结果为:_____

_____

_____

_____

_____

3.

```cpp
    #include <iostream>
    void main(void)
    {
        using namespace std;
        int a1 =11,a2 =22,t;
        int *p1 = &a1,*p2 = &a2;
        cout <<"a1 ="<<a1 <<",a2 ="<<a2 <<endl;
        cout <<"*p1 ="<< *p1 <<",*p2 ="<< *p2 <<endl;
        t = *p1;*p1 = *p2;*p2 =t;
        cout <<"a1 ="<<a1 <<",a2 ="<<a2 <<endl;
        cout <<"*p1 ="<< *p1 <<",*p2 ="<< *p2 <<endl;
    }
```

程序运行结果为:_____

_____

_____

_____

4.

```cpp
    #include <iostream>
    void main(void)
    {
        using namespace std;
        int a1 =11,a2 =22;
        int *p1(&a1),*p2(&a2),*p;
        cout <<"a1 ="<<a1 <<",a2 ="<<a2 <<endl;
        cout <<"*p1 ="<< *p1 <<",*p2 ="<< *p2 <<endl;
        p =p1,p1 =p2,p2 =p;
```

```
        cout <<"a1 ="<< a1 <<",a2 ="<< a2 << endl;
        cout <<"* p1 ="<< * p1 <<", * p2 ="<< * p2 << endl;
    }
```

程序运行结果为:＿＿＿＿＿＿＿＿＿＿＿＿＿＿＿＿＿＿＿＿＿＿＿＿＿＿

＿＿＿＿＿＿＿＿＿＿＿＿＿＿＿＿＿＿＿＿＿＿＿＿＿＿＿＿＿＿＿＿＿＿＿＿

＿＿＿＿＿＿＿＿＿＿＿＿＿＿＿＿＿＿＿＿＿＿＿＿＿＿＿＿＿＿＿＿＿＿＿＿

＿＿＿＿＿＿＿＿＿＿＿＿＿＿＿＿＿＿＿＿＿＿＿＿＿＿＿＿＿＿＿＿＿＿＿＿

习题五　指针变量和数组

一、填空题

1. 设 int a[10];则数组名 a 相当于指针常量,它代表整个数组所占用的内存空间的_____地址,这个地址还可以用_____表示。

2. 要让一个指针变量指向一个一维数组,只要将其类型定义为_____并将_____赋给它即可。

3. 设 int a[10], *p = a;则元素 a[0] 的地址可用_____等表达式来表示,元素 a[i] 的地址可用_____等来表示;而元素 a[0] 和 a[i] 则分别有_____及_____等表示形式。

4. 设 int a[4][5], *p = &a[0][0];请用与 p 有关的表达式来表示下面的陈述。元素 a[i][j] 的地址可用_____来表示,而元素 a[i][j] 则可用_____等表示。

5. 设 int a[5][8];试写出与下列等价的表达式(i,j 在下标的有效范围内)。① a 与_____等价;② a + i 与_____等价;③ *(a + i) 与_____等价;④ a[i] + k 与_____等价;⑤ *(a[i]) 与_____等价;⑥ *(a[i] + k) 与_____等价。

6. 设有 char *p = "abcd\0ef",则 cout << p 的结果是_____,cout << *(p + 1) 结果是_____,strlen(p) 的值是_____。

7. 若 int i;char *s = "a\045 + 045\'b";执行 fot(i = 0; *s ++ ;i ++);之后,变量 i 的值是_____。

8. 设 int a[2][4] = {1,2,3,4,5,6,7,8}, *p = &a[0][0],(*pa)[4](a);则 *(*(pa + 1) + 2) 的值为_____; *(p + 5) 的值为_____;(*pa)[2] 的值为_____;若 ++pa 后(*pa)[0] 的值为_____。

二、是非题(判断下列各陈述是否正确,正确请在圆括号中写 T、错误写 F。)

1. 凡是出现数组、函数的地方都可以用一个指针变量来表示。　　　　　　（　　）

2. 二维数组名 a 为元素 a[0][0] 的地址。　　　　　　　　　　　　　（　　）

3. 语句 char s[] = "abc";与 char s[] = {'a','b','c'};没有区别。　　（　　）

4. 语句 char *ptr; ptr = "how are you?";与 char str[20]; str = "How are you?"都是正确的 C++ 语句。　　　　　　　　　　　　　　　　　　　　　　（　　）

5. 字符串比较函数 strcmp() 是用来比较两个字符串的长度。　　　　　（　　）

6. 语句 float d[2][4][3],(*pd)[4][3](d);中定义了指针变量 pd 指向三维浮点型数组 d。　　　　　　　　　　　　　　　　　　　　　　　　　　　（　　）

三、选择题

1. 要使指针变量 p 指向一维数组 a 的第一个元素,正确的赋值表达式是(   )。

A. p = a 或 p = a[0]   B. p = a 或 p = &a[0]

C. p = &a 或 p = a[0]   D. p = &a 或 p = &a[0]

2. 设 p1 和 p2 是指向同一个 int 型一维数组的指针变量,k 为 int 型变量,则不能正确执行的语句是(   )。

A. k = *p1 + *p2;   B. p2 = k;

C. p1 = p2;   D. k = *p1 * (*p2);

3. 设 int a[5][7],i 为整型变量,则与 a + i 等价的是(   )。

A. a[i][0]   B. a[i]   C. &a[i]   D. a[0] + i

4. 设有 int a[3][2] = {1,2,3,4,5,6} (*p)[2] = a;则 *(*(p+2)+1) 的值是(   )。

A. 3   B. 4   C. 5   D. 6

5. 定义字符串 char str[5];则下列表达式中不能表示 str[1] 的地址的是(   )。

A. str ++   B. str + 1   C. &str[0] + 1   D. &str[1]

6. 下列关于指针变量的运算中,(   )是非法的。

A. 两个指针变量在一定条件下,可以进行相等或不等的运算

B. 可以用一个空指针赋值给某个指针变量

C. 指针变量有时可以加上两个整数之差

D. 两个指针变量在一定条件下可以相加

7. 若有说明:int a[10] = {1,2,3,4,5,6,7,8,9,10}, *p = a;则数值为 6 的表达式是(   )。

A. *p + 6   B. *(p + 6)   C. *p += 5   D. p + 5

8. 若有以下定义和语句:int s[4][5], (*ps)[5];ps = s;则对 s 数组元素的正确引用形式是(   )。

A. ps + 1   B. *(ps + 3)   C. ps[0][2]   D. *(ps + 1) + 3

9. 下面程序段的功能是(   )。

```
char x[] = "How old are you?";
char *y = x;
while( *y ++){};
cout << y - x - 1 << endl;
```

A. 求字符串的长度   B. 求字符串存放位置

C. 比较两个字符串的大小   D. 将字符串 x 连接到字符串 y 后面

10. 若有以下说明和语句,且 0 < i < 10,则(   )是对数组元素的错误引用。

```
int a[] = {1,2,3,4,5,6,7,8,9,0}, *p,i;    p = a;
```

A. *(a + i)   B. a[p - a]   C. p + i   D. *(&a[i])

11. 设有 int a[10], ＊p＝a;以下错误的是(   )

A. p＝p＋1;   B. p[0]＝＊p＋1;

C. a[0]＝a[0]＋1;   D. a＝a＋1;

12. 有定义 char ＊s＝"hello!";要使变量p指向同一个字符串,则应选取(   )。

A. char ＊p＝s;   B. char ＊p＝&s;

C. char ＊p; p＝＊s;   D. char ＊p; p＝&s;

13. 对于两个指向数组类型的指针变量,它们间的运算(   )是没有意义的。

A. ＋   B. －   C. ==   D. ＝

14. 设 char str[]＝"world", ＊ptr＝str;执行完上面语句后, ＊(ptr＋5)的值为
(   )。

A. 'd'   B. '\0'   C. 不确定的值   D. 'd'的地址

15. 已知 int a[]＝{1,2,3,4,5,6}, ＊p＝a;下面表达式中其值为5的是(   )。

A. p＋=5; ＊p＋＋;   B. p＋=3; ＊(＋＋p);

C. p＋=4; ＊＋＋p;   D. p＋=4; ＋＋＊p;

16. 若有以下语句,且 0<=k<6,则正确表示数组元素地址的语句是(   )。

  int x[]＝{1,9,10,7,32,4}, ＊ptr＝x,k＝1;

A. x＋＋   B. &ptr   C. &ptr[k]   D. &(x＋1)

17. 若有定义:int s[2][3]＝{1,2,3,4,5,6}, (＊p)[3]＝s;则对元素 s[i][j]不
正确引用的是(   )。

A. ＊(＊(p＋i)＋j)   B. (＊p)[i][j]

C. (＊(p＋i))[j]   D. p[i][j]

18. 下面说明不正确的是(   )。

A. char a[]＝"china";   B. char a[10], ＊p＝a;p＝"china";

C. char ＊a; a＝"china";   D. char a[10], ＊p;p＝a＝"china";

19. 若有说明语句:char a[]＝"It is mine"; char ＊p＝"It is mine";则不正确的描述
是(   )。

A. a＋1 表示的是字符 t 的地址

B. p 中存放的地址值可以改变

C. p 指向另外的字符串时,该字符串的长度不受限制

D. a 中只能存放 10 个以下字符

20. 指针可以用来表示数组元素,下列表示中(   )是错误的。(已知 int a[3]
[7];)

A. ＊(a＋1)[5]   B. ＊(＊a＋3)

C. ＊(＊(a＋1))   D. ＊(&a[0][0]＋2)

四、读程序写结果

1.

```cpp
#include <iostream>
using namespace std;
void main(void)
{
    int a[9] = {1,2,3,4,5,6,7,8,9};
    int *p = a ,sum = 0;
    for(;p < a +9;p ++)
        if( *p% 2 ==0) sum += *p;
    cout <<"sum ="<< sum << endl;
}
```

程序运行结果为:＿＿＿＿＿＿＿＿＿＿＿＿＿＿＿＿＿＿＿＿

2.

```cpp
#include <iostream>
using namespace std;
void main(void)
{
    char *s ="ab5eafegdacdf", *p;
    int i,j,a[] ={0,0,0,0};
    for(p =s; *p! ='\0';p ++)
    {
        j = *p -'a';
        if(j >=0&&j <=3) a[j] ++;
    }
    for(i =0;i <4;i ++)
        cout <<" "<< *(a +i);
    cout << endl;
}
```

程序运行结果为:＿＿＿＿＿＿＿＿＿＿＿＿＿＿＿＿＿＿＿＿

3.

```cpp
#include <iostream>
using namespace std;
void main(void)
{
    char b[] ="ab12cd34ef", *a =b;
    int i,j;
```

```cpp
        for(i = j = 0;a[i];i ++)
            if(a[i] >= 'a'&&a[i] <= 'z')
                a[j ++] = a[i];
        a[j] = '\0';
        cout << a << endl;
    }
```

程序运行结果为:_____

4.

```cpp
    void main( )
    {
        int a[2][2][3] = {1,2,3,4,5,6,7,8,9,10,11,12};
        int ( *pa)[2][3](a);
        cout << endl;
        for(int i = 0;i < 2;i ++)
        {
            for(int j = 0;j < 2;j ++)
            {
                for(int k = 0;k < 3;k ++)
                    cout << *( *( *(pa + i) + j) + k) <<"\t";
                cout << endl;
            }
        }
    }
```

程序运行结果为:_____

_____

_____

_____

五、程序填空

1. 下面程序是求矩阵 a 的转置矩阵 b,并按矩阵形式输出两矩阵,元素使用处请用 p 或 q 的表达式进行填空。

```cpp
    #include <iomanip>
    #include <iostream>
    using namespace std;
    void main(void)
    {
        int a[2][3] = {1,2,3,4,5,6},b[3][2];
```

```
int ( * p)[3] = a,( * q)[2] = b,i,j;
for(i = 0;i < 2;i ++ )
    for(j = 0;j < 3;j ++ )

        _____

for(i = 0;i < 2;i ++ )
{
    for(j = 0;j < 3;j ++ )
        cout << setw(5) << _____
    cout << endl;
}
for(i = 0;i < 3;i ++ )
{
    for(j = 0;j < 2;j ++ )
        cout << setw(5) << _____

        _____

}
}
```

2. 下面程序实现从 10 个整数中找出最大和最小数。请填空。

```
#include < iomanip >
#include < iostream >
using namespace std;
void main(void)
{
    int a[10], * pa,max,min;
    cout <<"请从键盘上输入 10 个整数:"<< endl;
    for(int i = 0;i < 10;i ++ )
        cin >> a[i];

    _____

    for(_____;_____;pa ++ )
        if(_____) max = * pa;
        _____( * pa < min) min = * pa;
    cout <<"数组:";

    _____

    for(int i = 0;i < 10;i ++ )
        cout << setw(4) << * (pa + i);
    cout <<"最大值为:"<< max <<",最小值为:"<< min << endl;
}
```

3. 下面程序判断输入的字符串是否是回文字符串。请填空。

```cpp
#include <iostream>
using namespace std;
void main(void)
{
    char str[80], *p1, *p2;
    cout <<"请输入一个字符串:";
    cin >> str;
    int len = strlen(str);
    p1 = str;
    p2 = _____;
    while(p1 < p2)
    {
        if( *p1! = *p2)
            _____
        else
        {
            p1 ++;
            _____
        }
    }
    if(_____)
        cout << str <<"不是一个回文字符串!"<<endl;
    else
        cout << str <<"是一个回文字符串!"<<endl;
}
```

六、根据题意用指针法编程

1. 利用冒泡法对从键盘输入的 10 个数按照从小到大的顺序排序。

2. 用指针编程。找出二维数组中的鞍点(即该位置上的元素在该行上最大、在该列上最小,也可能没有鞍点)并给出结果。

3. 编程实现:从键盘输入一任意字符串,然后输入所要查找字符。存在则返回它第一次在字符串中出现的位置;否则,输出"在字符串中查找不到!"。并实现对同一字符串,能连续输入所要查找的字符。

习题六　指针数组和指向指针的指针

一、填空题

1. 指针数组是一种特殊的数组,它每个元素的类型都是＿＿＿＿＿＿,其他与一般数组相同。一维指针数组的定义形式为:＿＿＿＿＿＿＿＿＿＿＿＿＿＿。

2. 设 int ＊p[10];该语句定义了一维指针数组 p,它有 10 个元素,每个元素都是＿＿＿＿＿＿。和普通一维数组一样,数组名 p 代表整个一维指针数组所占用的内存空间的＿＿＿＿＿＿的地址,也是＿＿＿＿＿＿的地址,即 p 与＿＿＿＿＿＿等价。

3. 设 double ＊pd[3];定义后,既可用 pd 数组同时指向 3 个＿＿＿＿＿＿,也可用它同时表示 3 个＿＿＿＿＿＿;若定义:char ＊pstr[5];则可用 pstr 同时表示＿＿＿＿＿＿个字符串。

4. 如果某个指针变量用来存放其他指针变量的地址,则这个指向其他指针变量的指针变量称为＿＿＿＿＿＿,简称＿＿＿＿＿＿。二级指针变量的定义形式为:＿＿＿＿＿＿＿＿＿＿＿＿＿＿＿＿＿＿＿。

5. 若定义:char ＊ps[] = {″abc″,″123″}, ＊＊pp = ps;则 ＊pp 为＿＿＿＿＿＿;＊(pp +1)为＿＿＿＿＿＿;＊(＊(pp +1) +2)为＿＿＿＿＿＿;若再执行 pp ++;则 ＊pp 为＿＿＿＿＿＿。

二、选择题

1. 对于语句:int ＊pa[5];的描述中,( )是正确的。

A. pa 是一个指向数组的指针,所指向的数组是 5 个 int 型元素

B. pa 是一个指向某数组中第 5 个元素的指针,该元素是 int 型变量

C. pa[5]表示某个元素的第 5 个元素的值

D. pa 是一个具有 5 个元素的指针数组,每个元素是一个 int 型指针

2. 设有以下程序段:

```
int a[12] ={0},*p[3],* *pp,i;
for(i =0;i <3;i ++)
p[i] =&a[i *4];
pp =p;
```

则对数组的错误引用是( )。

A. pp[0][1]   B. a[10]

C. p[3][1]   D. ＊(＊(p +2) +2)

3. 设 char ＊＊s;以下正确的表达式是( )。

A. s =″computer″;   B. ＊s =″computer″;

C. ＊＊s＝"computer";   D. ＊s＝'c';

4. 以下与 int ＊q[5];等价的语句为(   )。

A. int ＊(q[5]);   B. int q[5];   C. int ＊q;   D. int (＊q)[5];

5. 设有以下程序段:

```
    char str[4][10] = {"first","second","third","fourth"},
＊strp[4];
    for(int n = 0;n < 4;n + +) strp[n] = str[n];
```

若 k 为 int 型变量且 0 <= k < 4,则对字符串的不正确使用的是(   )。

A. strp   B. str[k]   C. strp[k]   D. ＊strp

6. 以下正确的说明语句是(   )。

A. int ＊b[] = {1,3,5,7,9};

B. int a[3][4],(＊num)[4];num[1] = &a[1][3];

C. int a[3],＊num[3] = {&a[0],&a[1],&a[2]};

D. int a[] = {1,3,5};int ＊num[3] = {a[0],a[1],a[2]};

7. 若有定义:int b[4][6],＊p,＊q[4];且 0 <= i < 4,i 为整型,则不正确的赋值语句为(   )。

A. q[i] = b[i];   B. p = b;

C. p = b[i];   D. q[i] = &b[0][0];

8. 设 char ＊cc[2] = {"1234","5678"};则正确的描述是(   )。

A. cc 数组的两个元素中分别存放的是含有 4 个字符的一维字符数组的首地址

B. cc 是指针变量,它指向含有两个数组元素的字符型一维数组

C. cc 数组的两个元素中各自存放了字符串"1234"和"5678"的首地址

D. cc 数组的两个元素的值分别是"1234"和"5678"

9. 若有说明: char ＊language[] = {"FORTRAN","BASIC","PASCAL","JAVA","C++"};则表达式 ＊language[1] > ＊language[3] 比较的是(   )。

A. 字符 F 和字符 P

B. 字符串 BASIC 和字符串 JAVA

C. 字符串 FORTRAN 和字符串 PASCAL

D. 字符 B 和字符 J

10. 下面能对 a 进行 ++ 运算的是(   )。

A. int a[3][2];   B. char ＊a[] = {"12","ab"};

C. char (＊a)[3];   D. int a[10],＊b = a;

三、读程序写结果

1.

```
    #include <iomanip>
    #include <iostream>
```

```cpp
using namespace std;
void main()
{
    int a[] = {2,5,6,8,10};
    int *p[] = {a,a+1,a+2,a+3,a+4};
    cout << setw(4) << a[4] << setw(4) << *(a+2) << setw
(4) << *p[1] << endl;
    cout << setw(4) << **(p+1)+a[2] << setw(4) << *(p
+4) - *(p+0) << setw(4) << *(a+3)% a[4] << endl;
}
```

程序运行结果为：_____

_____

2.

```cpp
#include <iomanip>
#include <iostream>
using namespace std;
void main()
{
    int b[2][3] = {2,4,6,8,10,12};
    int *a[2][3] = {*b,*b+1,*b+2,*(b+1),*(b+1)+
1,*(b+1)+2};
    int **q,k;
    q = a[0];
    for(k=0;k<6;k++)
    {
        cout << setw(6) << **q;
        q++;
    }
    cout << endl;
}
```

程序运行结果为：_____

_____

3.

```cpp
#include <iostream>
using namespace std;
void main()
{
```

```
        char * qstr[5],str[5][10] = {"FORTRAN","BASIC","PAS-
CAL","JAVA","C++"}, * cs;
        int j,k;
        for(k = 0;k < 5;k ++ )
            qstr[k] = str[k];
        for(k = 0;k < 5;k ++ )
            for(j = k +1;j < 5;j ++ )
                if(strcmp( * (qstr + k), * (qstr + j)) >0)
                {
                    cs = * (qstr + k);
                    * (qstr + k) = * (qstr + j);
                    * (qstr + j) = cs;
                }
        for(k = 0;k < 5;k ++ )
            cout << qstr[k] << endl;
    }
```

程序运行结果为:_____

_____

_____

_____

_____

4.
```
    #include < iostream >
    using namespace std;
    void main( )
    {
        char * str[] = {"FORTRAN","C++ /CLI","C#","JAVA","C++"};
        char * *p = str;
        int k;
        for(k = 0;k < 5;k ++ )
            cout << * (p ++ ) << endl;
    }
```

程序运行结果为:_____

_____

_____

_____

_____

习题七 引用

一、填空题

1. 声明为引用的变量是另一个变量的_____,在定义时必须对它进行_____。引用变量和被引用的变量的值总是_____,一个变量的赋值总是影响另一个变量。

2. 应用中引用主要是用作函数的_____和函数的_____。

3. 在下列表示引用的方法中,_____是正确的(已知:int m = 10;)。

A. int &x = m;　　　B. int &y = 10;　　　C. int &z;　　　D. float &t = &m;

二、是非题(判断下列各陈述是否正确,正确请在圆括号中写 T、错误写 F。)

1. 指针变量是用来存放某种变量地址值的。指针变量的地址值也可以存放在某个变量中,存放某个指针变量地址值的变量称为指向指针的指针,即二级指针。　　(　)

2. 对引用的操作,实质上就是对被引用的变量的操作。　　(　)

3. 引用运算符和取地址运算符是一样的,用法也一样。　　(　)

4. 实现相同的操作,用引用比用指针效率高些。　　(　)

5. C++ 中,不能说明对引用的引用、元素为引用的数组和指向引用的指针变量。
　　(　)

6. C++ 中,不能说明对指针变量的引用。　　(　)

7. cout << &i 中,& 就是引用运算符。　　(　)

班级＿＿＿＿＿＿＿＿　学号＿＿＿＿＿＿＿＿　姓名＿＿＿＿＿＿＿＿

第 5 章　自定义数据类型

教学重点

1. 掌握结构体与共用体类型的定义方法；
2. 掌握枚举的定义方法；
3. 掌握 typedef 的含义和定义方法。

习题　自定义数据类型

一、选择题

1. 用来表示指向结构变量指针的成员是(　　)运算符。

A. .　　　　　　　　B. ->　　　　　　　　C. >>　　　　　　　　D. <<

2. 下列关于结构体数组的描述中,错误的是(　　)。

A. 结构体数组的元素可以是不同结构类型的结构变量

B. 结构体数组在定义时可以被赋初值

C. 结构体的成员可以是结构体数组

D. 结构体数组可定义在函数体内,也可以定义在函数体外

3. 下列关于结构体的定义中,有(　　)处错误。

```
struct ab{
    int a;
    char c;
  double a;
 }a,ab;
```

A. 1　　　　　　　　B. 2　　　　　　　　C. 3　　　　　　　　D. 4

4. 当定义一个结构体变量时,系统分给它的内存大小是(　　)。

A. 各成员所需内存的总和

B. 结构体中的第一个成员所需内存

C. 成员中所需内存最大者的存储空间

D. 结构体中的最后一个成员所需的存储容量

5. 共用体成员的地址值和所占的字节数(　　)。

A. 都相同　　　　　　　　　　　B. 都不相同

C. 前者相同,后者不同　　　　　　D. 前者不同,后者相同

6. 以下对共用体类型数据的正确叙述是(　　)。

A. 一旦定义了一个共用体变量后,就可以引用该变量或者变量中的任意成员

B. 一个共用体变量中可以同时存放其他所有成员

C. 一个共用体变量中不能同时存放其他所有成员

D. 共用体类型数据可以出现在结构体类型中,但结构体类型数据不能出现在共用体类型定义中

7. 以下枚举类型定义正确的语句是(　　)。

A. enum color{red,white,blue};

B. enum color = {"red","white","blue"};

C. enum color = {red = 1,white,blue};

D. enum color{"red","white","blue"};

8. 已知以下枚举类型的定义:

    enum day{Sun = 0,Mon,Tues,Wedn = 6,Thurs,Fri,Sat};

则枚举量 Thurs 的值是(　　)

A. 4　　　　　　　　B. 5　　　　　　　　C. 6　　　　　　　　D. 7

二、是非题(判断下列各陈述是否正确,正确请在圆括号中写 T、错误写 F。)

1. 定义结构变量时必须指出该结构变量时属于某种结构类型的。　　　　　(　　)

2. 无名结构是不允许定义结构变量的。　　　　　　　　　　　　　　　(　　)

3. 定义结构类型时,不允许其再有结构类型的成员。　　　　　　　　　　(　　)

三、读程序写结果

1.
```cpp
#include <iostream>
using namespace std;
struct st{
    int x;
    int *y;} *p;
int s[] = {5,6,7,8};
st a[] = {10,&s[0],20,&s[1],30,&s[2],40,&s[3]};
int main(){
    p = a;
  cout <<p ->x <<",";
  cout <<( ++p) ->x <<",";
  cout << *( ++p) ->y <<",";
  cout << ++( *( ++p) ->y) <<endl;
  return 0;
```

```
      }
```
程序运行结果为:＿＿＿＿＿＿＿＿＿＿＿＿＿＿＿＿＿＿＿＿＿＿＿＿＿

2.
```
    #include <iostream>
    using namespace std;
    int main(){
    int main(){
        union exx{
        int a;char ch;
        struct{
            int c;char d;
            }s;
        }u={20},*p;
        p=&u;
        u.ch=p->a+77;
        u.s.c=p->ch-32;
        u.s.d=(*p).ch+32;
        cout<<(*p).s.c<<" \t"<<(*p).ch<<endl;
        cout<<p->a<<" \t"<<p->s.d<<endl;
        return 0;
    }
```
程序运行结果为:＿＿＿＿＿＿＿＿＿＿＿＿＿＿＿＿＿＿＿＿＿＿＿＿＿

3.
```
    #include <iostream>
    using namespace std;
    int main(){
        enum colors{red,white,blue};
        colors c1,c2,c;
        c1=white;
        c2=(colors)2;
        cout<<c1<<""<<c2<<endl;
        for(c=red;c<=blue;c=(colors)(int(c)+1))
            switch(c){
                case red:cout<<"R";break;
                case white:cout<<"W";break;
                case blue:cout<<"B";break;
            }
```

```
        system("pause"); //此处添加 getchar()亦可
        return 0;
    }
```
程序运行结果为:_____

4. 设有以下说明和定义:
```
    typedef union{
        long i; int k[5];char r;
    }DATE;
    struct date{
        int cat;DATE cow;double dog;
    }too;
    DATE max;
```
则下列语句 cout << (sizeof(struct date) + sizeof(max)) << endl;的执行结果
是_____。

第6章　类和对象

| 1. 掌握类定义；
| 2. 掌握对象的定义与使用；
| 3. 掌握构造函数、析构函数和拷贝函数；
| 4. 理解友元、类的作用域；
| 5. 掌握对象的生存期。

习题一　面向对象的程序设计方法、类的定义和使用

一、填空题

1. 面向对象程序设计的三大特性为_____、_____及_____。

2. 类是一种用户自定义数据类型,一般由_____和_____两部分组成。为了体现软件工程中关于接口的说明和实现相分离的原则,一般将前者放在_____文件中描述,而将后者放在_____文件中进行描述。

3. 类中的成员在说明时可以用_____、_____及 protected 进行限定。这三个关键字的作用主要有两个:一是控制_____对成员的访问属性,二是控制_____对成员的访问属性。

4. 类的对象只能访问_____成员。

5. 通过指针对象访问它所指向的对象的公有成员函数时,访问方式为:_____
_____。

二、是非题(判断下列各陈述是否正确,正确请在圆括号中写 T、错误写 F。)

1. 用关键字 class 定义的类中,成员默认的访问权限是私有(private)的。　(　　)

2. 内联成员函数的定义只能在类说明体内进行,不能在类说明体外进行。(　　)

3. 类说明的同时可以对类中的数据成员进行初始化。　　　　　　　　(　　)

4. 类中说明的成员可以使用 extern 关键字。　　　　　　　　　　　(　　)

5. 定义类时,自身类的对象不能作为该类的成员,但自身类的指针或引用是可以的。

　　　　　　　　　　　　　　　　　　　　　　　　　　　　　　(　　)

6. 类中的成员函数可以是重载函数或带缺省值的函数。　　　　　　(　　)

7. 使用关键字 struct 定义的结构体中,成员默认的访问权限是公有(public)的。

（　　）

8. 作用域运算符(∷)只能用来限定成员函数所属的类。　　　　　　　　（　　）

9. 说明或定义对象时,类名前面不需要加 class 关键字。　　　　　　　　（　　）

10. 所谓私有成员是指只有类中所提供的成员函数才能直接使用它们,任何类以外对它们的访问都是非法的。　　　　　　　　　　　　　　　　　　　　　（　　）

三、选择题

1. 在下列关键字中,用来说明类中公有成员的是(　　)。

A. public　　　　　　B. private　　　　　　C. protected　　　　　D. friend

2. 已知类 A 中一个成员函数说明如下:void Set(A &a);其中,A &a 的含意是(　　)。

A. 用指向类 A 的指针变量 a 作为形参

B. 将 a 的地址值赋给变量 Set

C. a 是类 A 的对象引用,用它来作函数 Set 的形参

D. 用变量 A 与 a 按位相与作为函数 Set() 的参数

3. 关于成员函数特征的下述描述中,(　　)是错误的。

A. 成员函数一定是内联函数　　　　　　B. 成员函数可以重载

C. 成员函数可以设置参数的默认值　　　D. 有时可以定义静态成员函数

4. (　　)是不可以作为该类的成员的。

A. 自身类对象的指针　　　　　　　　　B. 自身类的对象

C. 自身类对象的引用　　　　　　　　　D. 另一个类的对象

5. 以下关于类的说法中,不正确的是(　　)。

A. 对象是类的一个实例

B. 任何一个类对象只能属于一个具体的类

C. 一个类只能有一个对象

D. 类与对象的关系和数据类型与变量的关系相似

6. 类定义时为了使类中的某个成员不能被类对象访问,则不能把该成员说明为(　　)。

A. public　　　　　　B. protected　　　　　C. private　　　　　　D. 以上都不对

7. 以下类的表达方式正确的是(　　)。

A. class A　　　　　　　　　　　　B. class A
　　{　　　　　　　　　　　　　　　　{
　　public:　　　　　　　　　　　　　　int x;
　　　　int x =30;　　　　　　　　　　public:
　　　　void show(){cout <<x;}　　　　　void show(){cout < <x;}
　　};　　　　　　　　　　　　　　　};

C. class A
```
{
public:
    int x;
};
x = 30;
```

D. class A
```
{
public:
    int x;
    void show(){cout << x;}
}
```

8. 设有:
```
class A
{
public:
    int k;
}x1,x2,*p1,*p2;
```
则下面对数据成员 k 的使用正确的是( )。

A. p1->k=1;   B. x2.k=2;   C. p1.k=3;   D. (*p2).k=4;

9. 下列有关类的说法中,不正确的是( )。

A. 类是一种用户自定义的数据类型

B. 只有类中的成员函数或类的友元才能存取类中的私有数据成员

C. 定义类时,成员的默认(缺省)访问属性是 private

D. 定义类时,成员函数的形参不可以是自身类的对象

10. 有如下类声明:
```
class Sample
{
    int n;
public:
    void setValue(int n0 = 0);
};
```
下列在类说明体外定义成员函数 setValue 正确的是( )。

A. Sample::setValue(int n0) {n=n0;}

B. void Sample::setValue(int n0) {n=n0;}

C. void setValue(int n0) {n=n0;}

D. void Sample::setValue(int n0 = 0){n=n0;}

四、读程序写结果

1.
```
#include <iostream>
using namespace std;
class CClock
```

```cpp
    {
    public:
        void SetTime( int NewH = 0 , int NewM = 0 , int NewS = 0 );
        void ShowTime( );
    private:
        int Hour,Minute,Second;
    };
    void CClock::SetTime( int NewH, int NewM, int NewS)
    {
        Hour = NewH;
        Minute = NewM;
        Second = NewS;
    }
    void CClock::ShowTime( )
    {
        cout << Hour <<":"<< Minute <<":"<< Second << endl;
    }
    void main( )
    {
        CClock MyClock;
        cout <<"First time set and output:"<< endl;
        MyClock.SetTime( );
        MyClock.ShowTime( );
        cout <<"Second time set and output:"<< endl;
        MyClock.SetTime(22,50,30);
        MyClock.ShowTime( );
    }
```

运行结果为:_____

_____

_____

_____

2.
```cpp
    #include < iostream >
    using namespace std;
    class CPerson
    {
    private:
```

```cpp
        char name[12];
        int age;
        float height;
        long friendID;
        int IsMyFriend(long fid);
    public:
        void PubPrivate(long fid);
        void SetPrivate(char *n="",int a=0,float h=0);
        void SetFriendID(long fid=12345);
    };
    int CPerson::IsMyFriend(long fid)
    {
            return fid==friendID? 1:0;
    }
    void CPerson::PubPrivate(long fid)
    {
        cout <<"hello"<<endl;
        if(IsMyFriend(fid))
            cout <<"My friend:I am "<<name
                <<","<<age <<"years old,and my height is "<
                <height <<endl;
        else
            cout <<"Sorry,you are not my friend"<<endl;
    }
    void CPerson::SetPrivate(char *n,int a,float h)
    {
        strcpy(name,n);
        age=a;
        height=h;
    }
    void CPerson::SetFriendID(long fid)
    {    friendID=fid;          }
    void main(void)
    {
        CPerson me, *pme=&me;
        (*pme).SetPrivate("Tom",18,185);
        pme->SetFriendID(45678);
```

```
            me.PubPrivate(4567);
            (*pme).PubPrivate(45678);
            cout << sizeof(CPerson)<< endl;
        }
```
运行结果为：_____

_____

_____

_____

五、编程题

1.下面是一个简单计算器类的说明部分,请据此完成类的实现并编写相应的 main 函数进行测试。

```cpp
        class CCounter
        {
            int Value;
        public:
            void SetValue(int number = 0);
            void Increment();        //给原值加1
            void Decrement();        //给原值减1
            int GetValue();          //取得计算器值
            void Print();            //显示计算器值
        };
```

2. 编写二维平面上的点类 Point：数据包括点的二维坐标 x 和 y，成员函数包括点的位置获取函数 GetX、GetY，点的位置设置函数 SetX、SetY，点的位置移动函数 MoveTo，以及点的信息输出函数 Display。在此基础上编写 main 函数进行测试。

习题二 this 指针、构造函数、拷贝构造函数、析构函数及对象成员

一、填空题

1. this 指针对象是由系统自动生成和控制的。在有 this 指针的函数中,其作用是:_____。

2. 当定义一个对象时,C++ 编译系统自动调用_____建立该对象并进行初始化;当一个对象的生命周期结束时,C++ 编译系统自动调用_____撤销该对象并进行清理工作。

3. 析构函数与构造函数除功能不同外,在定义形式上也存在明显区别,这些区别包括构造函数名与类名相同,而析构函数名是_____、析构函数没有_____、析构函数可以定义为_____函数。

4. 缺省构造函数的作用是_____;缺省析构函数的作用是_____。

5. 设 MyClass 为类名,程序中有如下两条语句:MyClass my1;MyClass my2("Hello",5);则系统调用构造函数的形式分别为:_____和_____。若类中无相应的构造函数可供调用,则编译出错。

6. 关于构造函数和析构函数的的个数。类的构造函数一般有_____,而析构函数则_____。

7. 当要用一个已知的对象来初始化一个新建立的同类对象时会调用_____函数。该函数名亦与类名相同,但形参为_____。

8. 有对象成员的类要着重注意其_____的定义形式,因为这时应考虑其所包含的对象成员的初始化问题。如果对象成员需要显式初始化,则应在_____中完成。

9. 包含有对象成员的类对象,其构造函数的调用次序是:先调用_____的构造函数,再调用_____的构造函数;析构函数的调用则是先调用_____析构函数,再调用_____的析构函数。如果有多个对象成员,则这多个对象成员的构造函数是按照_____调用,析构构造则是按照_____调用。

二、是非题(判断下列各陈述是否正确,正确请在圆括号中写 T、错误写 F。)

1. 构造函数、析构函数是由系统自动调用的。   （   ）
2. 如果需要的话,程序员也可显示调用构造函数和析构函数。   （   ）
3. 缺省析构函数也能释放程序员所申请使用的动态内存空间。   （   ）
4. 即使程序员为类定义了构造函数或析构函数,系统也会自动再生成缺省的构造函数和析构函数。   （   ）
5. 缺省构造函数能为对象赋初值。   （   ）

6. 用构造初始化表对数据成员进行初始化比在构造函数体中用赋值语句效率高。
( )

7. 析构函数与构造函数的调用次序是一致的,即先定义的先调用,后定义的后调用。
( )

8. 如果类没有定义自己的拷贝构造函数,系统将自动生成一个缺省的拷贝构造函数。
( )

9. 如果构造函数中存在动态内存分配,则必须定义拷贝构造函数。 ( )

10. 析构函数是一种函数体为空的成员函数。 ( )

11. 构造函数和析构函数都不能重载。 ( )

三、选择题

1. 下列( )不是构造函数的特征。

A. 构造函数的函数名与类名相同 B. 构造函数可以重载

C. 构造函数可以设置默认参数 D. 构造函数必须指定返回值类型

2. 下列( )是析构函数的特征。

A. 一个类中只能定义一个析构函数 B. 析构函数名与类名完全相同

C. 析构函数的定义只能在类说明体内 D. 析构函数可以有一个或多个参数

3. 通常拷贝构造函数的形参是( )。

A. 本类的对象 B. 其他类的对象或引用

C. 本类对象的常引用 D. 本类对象的指针

4. 假定 MyClass 为一个类,则该类的拷贝构造函数的声明语句为( )。

A. MyClass&(MyClass x) ; B. MyClass(const MyClass &x) ;

C. MyClass(MyClass x) ; D. MyClass(MyClass ＊x) ;

5. 定义析构函数时,应该注意( )。

A. 其名与类名完全相同 B. 返回类型是 void 类型

C. 无形参,也不可重载 D. 函数体中必须有 delete 语句

6. 每个类( )拷贝构造函数。

A. 只能有一个 B. 只可有私有的 C. 可以有多个 D. 只可有缺省的

四、读程序写结果

1.
```
#include <iostream>
using namespace std;
class A
{
  public:
    A( );
```

```cpp
        A( int i, int j);
        void print( );
    private:
      int a, b;
    };
    A::A( )
    {
        a = b = 0;
        cout << "Default constructor called. \n";
    }
    A::A( int i, int j)
    {
        a = i;
        b = j;
    cout << "Constructor called. \n";
    }
    void A::print( )
    {
        cout << "a =" << a << ", b =" << b << endl;
    }
    void main( )
    {
        A m,n(4,8);
        m.print( );
        n.print( );
    }
```

运行结果为:_____

_____

_____

_____

2.

```cpp
    #include < iostream >
    using namespace std;
    class MyClass
    {
        char ch;
    public:
```

```cpp
        MyClass();
        MyClass(char character);
        void Print();
        ~MyClass();
    };
    MyClass::MyClass()
    {
        cout <<"This is a default constructor!" << endl;
        ch = 'a';
    }
    MyClass::MyClass(char character)
    {
        cout <<"This is a constructor!" << endl;
        ch = character;
    }
    void MyClass::Print()
    {
        cout <<"The value of ch is " << ch << endl;
    }
    MyClass:: ~MyClass()
    {
        cout <<"This is a destructor!" << endl;
    }
    void main()
    {
        MyClass first, second('b');
        first.Print();
        second.Print();
    }
```

运行结果为:_____

_____

_____

_____

_____

_____

3.
```cpp
    #include <iostream>
```

```cpp
using namespace std;
    class B
    {
    public:
        B(){}
        B(int i,int j);
        void printb();
    private:
        int a,b;
    };
    class A
    {
     public:
        A(){}
        A(int i,int j);
        void printa();
    private:
        B c;
    };
    A::A(int i,int j):c(i,j)
    {   }
    void A::printa()
    {
      c.printb();
    }
    B::B(int i,int j)
    {
        a = i;
        b = j;
    }
    void B::printb()
    {
        cout <<"a = "<<a <<",b = "<<b <<endl;
    }
    void main()
    {
        A m(7,9);
```

```
            m.printa();
    }
```
运行结果为:_____

4.
```
    #include <iostream>
    using namespace std;
    const int N =100;
    class CStack
    {
    public:
        CStack(){top =0;cout <<"Hello";}
        ~CStack() {cout <<"Bye";}
        void push(int i);
        int pop();
    private:
        int stack[N];
        int top;
    };
    void CStack::push(int i)
    {
        if (top ==N)
        {
            cout <<"Overflow";return;
        }
        else
        {
            top ++;stack[top] =i;
        }
    }
    int CStack::pop()
    {
        int temp;
        if(top ==0)
        {
            cout <<"Underflow";return 0;
        }
        else
```

```
        {
            temp = stack[top];
            top --;
            return temp;
        }
    }
    void main()
    {
        CStack *ptr = new CStack;
        ptr ->push(10);
        ptr ->push(50);
        cout <<ptr ->pop() <<" ";
        cout << "OK!"<<endl;
    }
```
运行结果为:_____

5.
```
    #include <iostream>
    using namespace std;
    class complex
    {
    public:
        complex();
        complex(double real);
        complex(double real,double imag);
        void Print();
        void Set(double r,double i);
    private:
        double real,imag;
    };
    complex::complex()
    {
        Set(0.0,0.0);
        cout <<"Default constructor called.\n";
    }
    complex::complex(double real)
    {
        Set(real,0.0);
```

```cpp
        cout <<"Constructor:real;" << real <<",imag =" << imag
        <<endl;
    }
    complex::complex(double real,double imag)
    {
        Set(real,imag);
        cout <<"Constructor: real =" << real <<",imag =" <<
        imag <<endl;
    }
    void complex::Print()
    {
        if(imag <0)
            cout << real << imag <<'i' <<endl;
        else
            cout << real <<'+' << imag <<'i' <<endl;
    }
    void complex::Set(double r,double i)
    {
        real = r;
        imag = i;
    }
    void main()
    {
        complex c1;
        complex c2(6.8);
        complex c3(5.6,7.9);
        c1.Print();
        c2.Print();
        c3.Print();
        c1 = complex(1.2, -3.4);
        c2 =5;
        c3 = complex();
        c1.Print();
        c2.Print();
        c3.Print();
    }
```

运行结果为:_____ ┊ _____

6.

```cpp
#include <iostream>
using namespace std;
class B1
{
public:
    B1(int i =100) {cout <<"constructing B1 "<<i <<endl;}
    ~B1() {cout <<"destructing B1 "<<endl;}
};
class B2
{
    B1 B2memberB1;
public:
    B2(int j) {cout <<"constructing B2"<<j <<endl;}
    ~B2() {cout <<"destructing B2"<<endl;}
};
class B3
{
public:
    B3(){cout <<"constructing B3 *"<<endl;}
    ~B3() {cout <<"destructing B3"<<endl;}
};
class C
{
public:
    C(int a, int b):CmemberB2(a),CmemberB1(b)
    {}
private:
    B1 CmemberB1;
    B2 CmemberB2;
    B3 CmemberB3;
};
```

```
void main( )
{
    C obj(55,66);
}
```

运行结果为:_____ | _____

_____ | _____

_____ | _____

_____ | _____

_____ | _____

五、程序填空

1. 下列是一个时钟类程序,它能完成时钟数据的初始化及输出。请将程序补充完整,并写出程序运行结果。

```
#include <iostream >
using namespace std;
class clock
{
public:
    _____
    void showtime( );
private:
    int hour,minute,second;
};
clock::clock(int h,int m,int s)
{
    this -> hour = h;
    this -> minute = m;
    _____;
}
void clock::showtime( )
{    cout << hour <<"时"<< minute <<"分"<< second <<"秒"
        << endl;}
void main( )
{
    _____;
    myclock.showtime( );
}
```

程序运行结果为:_____。

2. 请仔细理解所给出的程序,完成未给出部分。

```cpp
#include <iostream>
class A
{
public:
    A(int i = 0, int j = 0);
    void print();
private:
    int a, b;
};
A::A(_____)
{
    a = i;
    _____;
}
void A::print()
{
    _____;
}
void main()
{
    using namespace std;
    A m,n(4,8);
    m.print();   //这一行的输出为:a = 0, b = 0
    n.print();   //这一行的输出为:a = 4, b = 8
}
```

3. 请仔细理解所给出的程序,完成未给出部分。

```cpp
#include <iostream>
using namespace std;
class CVector
{
public:
    CVector(int n);
    CVector(void);
    CVector(const CVector &vt);

    _____
    ~CVector(void);
```

```cpp
        void Output();
    private:
        int *arr;

        _____

};
CVector::CVector(int n)
{
    arr = new int[n];
    Length = n;
    for(int i = 0;i < Length;i ++)
        arr[i] = 0;
}
CVector::CVector()
{
    Length = 0;
    arr = NULL;
}
CVector::CVector(int *t,int n)
{
    arr = new int[n];
    Length = n;
    for(int i = 0;i < Length;i ++)

        _____

}
CVector::CVector(const CVector &vt)
{
    this -> Length = vt.Length;

    _____

    for(int i = 0;i < this -> Length;i ++)
        this -> arr[i] = vt.arr[i];
}

    _____

{
    delete []arr;
}
void CVector::Output()
{
```

```cpp
        for( int i =0 ;i <Length ;i ++)
            cout <<arr[ i] <<"   ";
        cout <<endl ;
    }
    void  main ( )
    {

        int a[10 ];
        for( int i =0 ;i <10 ;i ++)
            cin >>a[ i] ;
        CVector  v1(a ,10 );
        v1 .Output ( ) ;
    }
```

4. 下面程序的运行结果如下所示。请仔细理解所给出的程序,完成未给出部分。

```cpp
    #include <iostream >
    using namespace std ;
    class test{
    int num ;
    double f ;
    public :
    test( ) ;
    int getint ( ){ return num ;}
    double getdouble ( ){ return f ;}
    _____ ;
    } ;
    test ::test ( ){
    cout <<"Initializing default" <<endl ;
    num =0 ;
    _____ ;
    }
    test :: ~ test ( ){
    _____ ;
    }
    int main( ){
    test array[2 ] ;
    cout <<array[1 ].getint ( ) <<"   " <<array[1 ].getdouble ( )
<<endl ;
```

```
    return 0 ;
    }
```

运行结果为:

Initializing default

_____//请填写结果

0 0

Destructor is active

Destructot is active

5. 完成下面类中成员函数的定义:

```
class test
{
private :
    int num ;
    float x ;
public :
    test ( int , float f ) ;
    test ( test& ) ;
} ;
test :: test ( int n , float f )
{
    num = n ;
    _____ ;
}
test :: test ( test& t )
{
    _____ ;
    x = t .x ;
}
```

六、编程题

1. 定义一个字符栈类 Stack(包括类的实现)。数据成员包括一个存放字符的数组 stck 和一个栈指针 tos。栈数组的尺寸由常量 SIZE 确定。栈的基本操作为压栈 Push 和出栈 Pop。

2. 编写圆类 Circle,包括两个属性:圆心 O(用习题一中的 Point 类实现)和半径 R。成员函数包括:圆心位置获取函数 GetO 和半径获取函数 GetR;半径位置设置函数 SetR;圆的位置移动函数 MoveTo;以及圆的信息打印函数 Display。请设计该类并进行测试。

习题三　对象数组、静态成员、友元及常对象和常成员等

一、填空题

1. 对象数组中每一个元素对象被创建时,系统都会调用＿＿＿＿＿＿＿＿来初始化该对象;而当数组中每一个对象被删除时,系统都要调用一次＿＿＿＿＿＿＿＿。

2. 静态成员分＿＿＿＿＿＿＿＿和＿＿＿＿＿＿＿＿,用关键字＿＿＿＿＿＿＿＿进行说明。

3. 静态成员的用途。静态数据成员主要用来实现＿＿＿＿＿＿＿＿＿＿＿＿;而静态成员函数则一般用来实现:① ＿＿＿＿＿＿＿＿＿＿＿＿;② ＿＿＿＿＿＿＿＿＿＿＿＿＿＿＿＿。

4. 静态数据成员的完整定义由两步构成,首先＿＿＿＿＿＿＿＿＿＿＿＿＿＿＿＿,然后＿＿＿＿＿＿＿＿＿＿＿＿＿＿＿＿＿＿＿＿,且定义时不能再使用关键字 static。

5. 静态的成员函数没有隐含的＿＿＿＿＿＿＿＿,只能访问类中＿＿＿＿＿＿＿＿。公有静态成员函数一般通过＿＿＿＿＿＿＿＿＿＿＿＿进行调用。

6. 友元声明的关键字为＿＿＿＿＿＿＿＿。如果被声明为了一个类的友元,则该友元可以访问＿＿＿＿＿＿＿＿＿＿＿＿。三种友元分别为＿＿＿＿＿＿＿＿、＿＿＿＿＿＿＿＿及＿＿＿＿＿＿＿＿。

7. 常对象只能调用＿＿＿＿＿＿＿＿＿＿＿＿＿＿＿＿＿＿。这种函数无论是在声明或定义时都得使用关键字＿＿＿＿＿＿＿＿。为了使常对象有成员函数可供调用,在类设计时一般将＿＿＿＿＿＿＿＿＿＿＿＿＿＿＿＿＿定义为常成员函数。

8. 常数据成员的初始化必须通过＿＿＿＿＿＿＿＿来完成。

二、是非题(判断下列各陈述是否正确,正确请在圆括号中写 T、错误写 F。)

1. 可以用与建立基本数据类型数组一样的方式来建立对象数组。　　（　　）

2. 定义对象数组时是否需进行初始化要视类构造函数的定义形式而定。（　　）

3. 对象数组既可以在定义时初始化又可以对对象数组元素动态赋值。（　　）

4. 某类友元类的成员函数可以存取或修改该类对象中的私有数据成员。（　　）

5. 可以在类的构造函数中对静态数据成员进行初始化。　　（　　）

6. 如果一个成员函数只存取一个类的静态数据成员,则可将该成员函数说明为静态成员函数。　　（　　）

7. 对象引用作函数参数比用对象和对象指针效率更高、内存更省些。（　　）

8. 对象数组的元素可以是不同类的对象。　　（　　）

9. 指向对象数组的指针不一定必须指向对象数组的首元素。　　（　　）

10. 一维对象指针数组中的每个元素应该是指针所指类对象的地址值。（　　）

11. const char ＊p 说明了 p 是指向字符串常量或字符常量的指针。（　　）

12. 类构造函数中可以不包含其对象成员(子对象)的初始化。 （　　）

13. C++允许使用友元,但是友元会破坏封装性。 （　　）

14. 友元函数亦存在 this 指针。 （　　）

15. 若有类 A,则语句 const A mya;一定是错误的。 （　　）

16. 若有类 A,则语句 A mya;一定是正确的。 （　　）

17. 常数据成员的初始化可以在构造函数体中完成。 （　　）

18. 不是常类型的对象不能访问类中常成员函数。 （　　）

19. 常成员函数就是返回值为 const 类型的成员函数。 （　　）

三、选择题

1. 关于 new 运算符的下列描述中,(　　)是错的。

A. 它可以用来动态创建对象和对象数组

B. 使用它创建的对象或对象数组,可以使用运算符 delete 删除

C. 使用它创建对象时要调用构造函数

D. 使用它创建对象数组时必须指定初始值

2. 关于 delete 运算符的下列描述中,(　　)是错的。

A. 它必须用于 new 返回的指针

B. 它也适用于空指针

C. 对一个指针可以使用多次该运算符

D. 删除数组时,指针名前只需要用一对空方括号,不需要所删除数组的维数

3. 下列的各种函数中,(　　)不是类的成员函数。

A. 常成员函数　　　B. 析构函数　　　C. 友元函数　　　D. 拷贝构造函数

4. 下列关于对象数组的描述中,(　　)是错误的。

A. 对象数组的每个元素是同一个类的对象

B. 对象数组名是一个常量指针

C. 对象数组的下标是从 0 开始的

D. 对象数组元素只能赋初值,而不能被赋值

5. 下述静态数据成员的特性中,(　　)是错误的。

A. 静态数据成员不是所有该类对象所共用的

B. 静态数据成员要在类说明体外进行定义和初始化

C. 引用公有静态数据成员时,要在静态数据成员名前加类名和作用域运算符

D. 说明静态数据成员时前边要加关键字 static

6. 设 print 函数是一个类的常成员函数,无返回值,则下列原型中,(　　)是正确的。

A. void print( ) const;　　　　　　　B. const void print( );

C. void const print( );　　　　　　　D. void print(const);

7. 若 ptr 定义时的类型为:char * const,则 ptr 应该是(　　)。

A. 指向字符常量或字符串常量的指针

B. 常指针,指向字符串或字符变量

C. 常指针,指向字符串常量或字符常量

D. 它所指向的字符串不可修改

8. 下面对友元的错误描述是(   )。

A. 关键字 friend 用于声明友元

B. 一个类的成员函数可以是另一个类的友元

C. 友元函数访问对象的成员不受访问特性影响

D. 友元函数通过 this 指针访问对象成员

9. 以下关于友元函数描述正确的是(   )。

A. 友元函数的实现必须在类的内部定义

B. 友元函数是类的成员

C. 它破坏了类的封装性和隐藏性

D. 友元函数不能访问类对象的私有成员

10. 假定 MyClass 为一个类,则执行 MyClass ＊p = new MyClass[3]，＊q[2]时,构造函数共自动调用(   )次。

A. 2   B. 3   C. 4   D. 5

11. 设有定义:

```
class person
{
    int num;
    char name[10];
public:
    void init(int n,char ＊m);
};
person s[30];
```

则以下叙述不正确的是(   )。

A. s 是一个含有 30 个元素的对象数组

B. s 数组中的每一个元素都是 person 类的对象

C. s 数组中的每一个元素都有自己的私有变量 num 和 name

D. s 数组的每一个元素都有各自的成员函数 init

12. 静态成员函数不能访问的是(   )。

A. 类的静态数据成员   B. 类的静态成员函数

C. 类的非静态成员   D. 外部变量或外部函数

13. 静态数据成员的初始化必须在(   )。

A. 类说明体内   B. 类说明体外

C. 构造函数体内   D. 静态成员函数体内

四、读程序写结果

1.

```cpp
#include <iostream>
using namespace std;
class test
{
private:
    int num;
    float fl;
public:
    test();
    int getint(){return num;}
    float getfloat(){return fl;}
    ~test();
};
test::test()
{
    cout << "Initalizing default" << endl;
    num = 0; fl = 0.0;
}
test:: ~test()
{
    cout << "Desdtructor is active" << endl;
}
void main()
{
    test array[2];
    cout << array[1].getint() << " " << array[1].getfloat
    () << endl;
}
```

运行结果为: _____

_____

_____

_____

_____

2.

```cpp
#include <iostream>
```

```cpp
using namespace std;
class Ctest
{
private:
    static int count;
    int id;
public:
    Ctest()
    {
        ++count;
        id = count;
        cout << "对象数量 =" << count << "  id =" << id << '\n';
    }
    ~Ctest()
    {
        --count;
        cout << "id =" << id << "的对象被撤销" << '\n';
    }
};
int Ctest::count = 0;
void main(void)
{
    Ctest a[3];
}
```

运行结果为:＿＿＿＿＿＿＿＿＿＿＿＿＿＿＿＿＿＿＿＿＿＿＿＿

＿＿＿＿＿＿＿＿＿＿＿＿＿＿＿＿＿＿＿＿＿＿＿＿＿＿＿＿＿＿＿＿＿＿＿

＿＿＿＿＿＿＿＿＿＿＿＿＿＿＿＿＿＿＿＿＿＿＿＿＿＿＿＿＿＿＿＿＿＿＿

＿＿＿＿＿＿＿＿＿＿＿＿＿＿＿＿＿＿＿＿＿＿＿＿＿＿＿＿＿＿＿＿＿＿＿

＿＿＿＿＿＿＿＿＿＿＿＿＿＿＿＿＿＿＿＿＿＿＿＿＿＿＿＿＿＿＿＿＿＿＿

＿＿＿＿＿＿＿＿＿＿＿＿＿＿＿＿＿＿＿＿＿＿＿＿＿＿＿＿＿＿＿＿＿＿＿

3.

```cpp
#include <iostream>
using namespace std;
class Set
{
public:
    Set() { PC = 0; }
```

```cpp
        Set(Set &p);
        void Empty() { PC =0;}
        int IsEmpty() { return PC ==0;}
        int IsMemberOf(int n);
        int Add(int n);
        void Print();
        friend void reverse(Set * m);
private:
        int elems[100];
        int PC;
};
int Set :: IsMemberOf(int n)
{
        for(int i =0;i <=PC;i ++)
         if(elems[i] ==n)
            return 1;
        return 0;
}
int Set :: Add(int n)
{
        if( IsMemberOf(n) )
            return 1;
        else if( PC >=100)
            return 0;
        else
        {
            elems[PC++] =n;
            return 1;
        }
}
Set :: Set(Set &p)
{
        PC =p.PC;
        for(int i =0;i <PC;i ++)
            elems[i] =p.elems[i];
}
void Set :: Print()
```

```
{
    cout <<'{';
    for( int i =0 ; i <= PC -1 ; i ++ )
        cout << elems[ i ] <<',';
    if( PC >0 )
        cout << elems[ PC -1 ];
    cout <<'}' << endl;
}
void reverse( Set * m )
{
    int n = m -> PC /2 ;
    for( int i =0 ; i < n ; i ++ )
    {
        int temp;
        temp = m -> elems[ i ];
        m -> elems[ i ] = m -> elems[ m -> PC - i -1 ];
        m -> elems[ m -> PC - i -1 ] = temp;
    }
}
void main( )
{
    Set A;
    cout << A.IsEmpty( ) << endl;
    A.Print( );
    Set B;
    for( int i =1 ; i <=8 ; i ++ )
        B.Add( i );
    B.Print( );
    cout << B.IsMemberOf( 5 ) << endl;
    B.Empty( );
    for( int j =11 ; j <20 ; j ++ )
        B.Add( j );
    Set C( B );
    C.Print( );
    reverse( &C );
    C.Print( );
}
```

运行结果为：_____

_____

_____

_____

_____

_____

4.

```cpp
#include <iostream>
using namespace std;
class A
{
public:
    A(int i =0){m = i; cout <<"Constructor called."<<m <
    <endl; }
    void Set(int i){m = i;}
    void Print()const{cout <<m<<endl;}
    ~A( ) { cout <<"Destructor called."<<m<<endl;}
private:
    int m;
};
void main()
{
    const int N =5;
    A my;
    my = A(N); //或 my = N;
    my.Print();
}
```

运行结果为：_____

_____

_____

_____

_____

5.

```cpp
#include <iostream>
using namespace std;
class A
{
```

```cpp
    public:
        A();
        A(int i,int j);
        ~A();
        void Set(int i,int j){a=i; b=j;}
    private:
        int a,b;
    };
    A::A()
    {
        a=b=0;
        cout<<"Default constructor called.\n";
    }
    A::A(int i,int j)
    {
        a=i; b=j;
        cout<<"Constructor:a="<<a;
        cout<<",b="<<b<<endl;
    }
    A::~A()
    {
        cout<<"Destructor called.a="<<a;
        cout<<",b="<<b<<endl;
    }
    void main()
    {
        cout<<"Starting1:\n";
        A a[3];
        for(int i=0;i<3;i++)
            a[i].Set(2,(i+1)*2);
        cout<<"Ending1 \n";
        cout<<"Starting2 \n";
        A b[3]={A(5,6),A(7,8),A(9,10)};
        cout<<"Ending2 \n";
    }
```

运行结果为:＿＿＿＿＿＿＿＿＿ ｜ ＿＿＿＿＿＿＿＿＿＿＿

＿＿＿＿＿＿＿＿＿＿＿＿ ｜ ＿＿＿＿＿＿＿＿＿＿＿

_____ | _____
_____ | _____
_____ | _____
_____ | _____
_____ | _____

6.

```cpp
#include <iostream>
using namespace std;
class B
{
    int x,y;
public:
    B();
    B(int i);
    B(int i,int j);
    ~B();
    void Print();
};
B::B()
{
    x=y=0;
    cout <<"Default constructor called.\n";
}
B::B(int i)
{
    x=i; y=0;
    cout <<"Constructor1 called.\n";
}
B::B(int i,int j)
{
    x=i;   y=j;
    cout <<"Constructor2 called.\n";
}
B:: ~B()
{
    cout <<"Destructor called.\n";
}
```

```
void B::Print()
{
    cout <<"x ="<< x <<",y ="<<y << endl;
}
void main()
{
    B * ptr;
    ptr = new B[3];
    ptr[0] = B();
    ptr[1] = B(5);
    ptr[2] = B(2,3);
    for(int i = 0; i < 3; i ++)
        ptr[i].Print();
    delete[] ptr;
}
```

运行结果为:＿＿＿＿＿＿＿＿＿＿＿　｜　＿＿＿＿＿＿＿＿＿＿＿＿＿＿
＿＿＿＿＿＿＿＿＿＿＿＿＿＿＿＿｜＿＿＿＿＿＿＿＿＿＿＿＿＿＿＿＿
＿＿＿＿＿＿＿＿＿＿＿＿＿＿＿＿｜＿＿＿＿＿＿＿＿＿＿＿＿＿＿＿＿
＿＿＿＿＿＿＿＿＿＿＿＿＿＿＿＿｜＿＿＿＿＿＿＿＿＿＿＿＿＿＿＿＿
＿＿＿＿＿＿＿＿＿＿＿＿＿＿＿＿｜＿＿＿＿＿＿＿＿＿＿＿＿＿＿＿＿
＿＿＿＿＿＿＿＿＿＿＿＿＿＿＿＿｜＿＿＿＿＿＿＿＿＿＿＿＿＿＿＿＿
＿＿＿＿＿＿＿＿＿＿＿＿＿＿＿＿｜＿＿＿＿＿＿＿＿＿＿＿＿＿＿＿＿

五、程序填空

1. 以下程序的功能是找出对象数组中的最小值并输出之。

```
#include < iostream >
using namespace std;
class Sample
{
    int x;
public:
    void setx( int x0){x = x0;}
    friend int fun( Sample x[],int n)
    {
        int m = _____;
        for( int i = 1; i < n;i ++ )
```

```cpp
            if(x[i].x < m)
                m = _____;
            return m;
        }
};
void main()
{
    Sample a[10];
    int arr[] = {128,20, - 345,45,57, - 66, - 79,89,900, -
10};
    for(int i(0);i <10;i ++)
        a[i].setx(arr[i]);
    cout << _____ << endl;
}
```

2. 以下程序的功能是：设计一个 Employee 类，包括编号、姓名和工资等私有数据成员，不包含任何成员函数，只将 main 函数设置为该类的友元函数，在 main 函数中输出编号、姓名和工资等数据。

```cpp
#include < iostream >
using namespace std;
class Employee
{
    int no;
    char name[10];
    float salary;
public:
    _____;
};
void main()
{
    _____;
    cin >> obj.no >> obj.name >> _____;
    cout << obj.name << "的编号是:"
        << obj.no << ",工资为:" << obj.salary << endl;
}
```

六、编程题

1. 利用静态数据成员的概念，编写一个类 ObjectCounter，用来统计程序中目前存在多少个该类的对象。编写 main 函数进行测试。

2. 下面是 IntArray 类的说明部分,它能存放若干个整型元素并对元素进行越界检查、读写、查找、排序等处理。完成该类的实现并编写 main 函数用随机数发生器产生若干个 100 以内的整数进行测试。

```cpp
const int Len =20; //数组的长度
class IntArray
{
private:
    int list[Len];
//检查下标 index 是否越界。不越界返回 true,否则返回 false
    bool IsValid(int index)const;
public:
    IntArray();
//将 element 保存到 index 下标处。操作成功返回 true,否则返回
//false
    bool Set(int index,int element);
//将 index 下标处的元素保存到 element 中。操作成功返回 true,
//否则返回 false
    bool Get(int index,int &element) const;
//查找 value 是否在数组中,存在返回其下标,否则返回 -1
    int LinearSearch(int value) const;
    void BubbleSort(); //冒泡排序
};
```

第7章　运算符重载与模板

 | 1. 掌握运算符重载的方式与要求；
| 2. 掌握几类特殊运算符重载的特点与方法；
| 3. 掌握模板的含义；
| 4. 掌握函数模板的定义方法；
| 5. 掌握类模板的定义方法。

习题一　运算符重载

一、选择题

1. 下列关于运算符重载的描述中，正确的是(　　)。

A. 运算符重载可以改变运算符的操作数的个数

B. 运算符重载可以改变优先级

C. 运算符重载不可以改变结合性

D. 运算符重载的操作数中可以没有自定义数据类型

2. 下列关于运算符重载的描述中，正确的是(　　)。

A. C++ 已有的任何运算符都可以重载

B. 运算符函数的返回类型不能声明为基本数据值类型

C. 在类型转换符函数的定义中不需要声明返回类型

D. 可以通过运算符重载来创建 C++ 中原来没有的运算符

3. 下面是重载为非成员函数的运算符函数原型，其中错误的是(　　)(设 Fraction 为类类型)。

A. Fraction operator/(Fraction，Fraction)；

B. Fraction operator∗(Fraction)；

C. Fraction& operator−=(Fraction&，Fraction&)；

D. Fraction& operator+(Fraction&，Fraction)；

4. x+y∗z 中，+是作为成员函数重载的运算符，∗是作为友元函数重载的运算符，下列叙述正确的是(　　)。

A. operator+有两个参数，operator∗有两个参数

B. operator + 有两个参数,operator * 有一个参数

C. operator + 有一个参数,operator * 有两个参数

D. operator + 有一个参数,operator * 有一个参数

5. 下列运算中,(　　)运算符在 C++ 中不能重载。

    A. ?:　　　　　　B. [ ]　　　　　　C. ( )　　　　　　D. <=

6. 若将运算符 > 重载为友元函数,则表达式 obj1 > obj2 被 C++ 编译器解释为(　　)。

    A. operator > (obj1 ,obj2);　　　　　　B. > (obj1 ,obj2);

    C. obj2. operator > (obj1);　　　　　　D. obj1. operator > (obj2);

7. 只能作为成员函数重载的是(　　)。

    A. =　　　　　　B. ++　　　　　　C. *　　　　　　D. new

8. 运算符函数调用格式的表达式 y/x ++ 与表达式 y. operator/(operator ++ (x ,0)) 的含义相同,由此可以看出(　　)。

    A. "/"和"++"都是作为成员函数重载的

    B. "/"和"++"都是作为友元函数重载的

    C. "/"是作为友元函数重载的,"++"是作为成员函数重载的

    D. "/"是作为成员函数重载的,"++"是作为友元函数重载的

9. 下面关于成员函数重载运算符和友元函数重载运算符正确的是(　　)。

    A. 成员函数和友元函数可以重载的运算符是不同的

    B. 成员函数和友元函数重载运算符时都需要用到 this 指针

    C. 成员函数和友元函数重载运算符时都需要声明为公有的

    D. 对同一个运算符,重载为成员函数和重载为友元函数所带有的参数个数是相同的

二、读程序写结果

1.

```
#include < iostream >
using namespace std;
class Complex{
  double re,im;
public:
  Complex(double r,double i):re(r),im(i) { }
  double real() const {return re;}
  double image() const {return im;}
  Complex& operator += (Complex a){
    re += a.re;
    im += a.im;
```

```
        return *this;}
    };
    ostream& operator <<(ostream& s,const Complex& z){
    return s <<'(' <<z.real() <<',' <<z.image() <<')';
    }
    void main(){
    Complex x(1,-2),y(2,3);
    cout <<(x +=y) <<endl;
    }
```
运行结果为:_____

2.
```
    #include <iostream>
    using namespace std;
    class Coord{
        int x, y;
    public:
        Coord(int I =0,int j =0){x =I;y =j;}
        void Print(){cout <<"x =" <<x <<",y =" <<y <<endl;}
        Coord operator ++(int);
    };
    Coord Coord::operator ++(int){
        Coord old = *this;
        ++x;
        ++y;
        return old;
    }

    int main(){
    Coord obj(1,2);
    obj.Print();
    obj ++;
    obj.Print();
    return 0;
    }
```
运行结果为:_____

3.

```cpp
#include <iostream>
using namespace std;
class B{
    int a,b;
public:
    B(){a=b=0;}
    B(int aa,int bb){a=aa;b=bb;}
    B operator + (B & x){
        B r;
        r.a=a+x.a;
        r.b=b+x.b;
        return r;}
    B operator -(B& x){
        B r;
        r.a=a-x.a;
        r.b=b-x.b;
        return r;}
    void OutB(){cout<<a<<" "<<b<<endl;}
};
void main(){
    B x(3,5),y(8,4),z1,z2;
    z1=x+y;z2=x-y;
    z1.OutB();z2.OutB();
}
```

运行结果为:_____

_____

4.

```cpp
#include <iostream>
#include <iomanip>
using namespace std;
class CSum{
    int x,y;
public:
    CSum(int x0,int y0):x(x0),y(y0){}
    friend ostream& operator <<(ostream& os,const CSum &xa){
        os<<setw(5)<<xa.x+xa.y;
```

```
            return os;
        }
    };

    int main(){
        CSum y(3,5);
        cout << setfill('*') << 8;
        cout << y;
        system("pause");
        return 0;
    }
```
运行结果为:＿＿＿＿＿＿＿＿＿＿＿＿＿＿＿＿＿＿＿＿＿＿＿＿＿

三、程序填空

1. 以下程序是对复数类运算符 += 和 + 进行重载,读程序并完善。

```
    class Complex
    {pubic:
        Complex(double r=0.0,double i=0.0){real=r; imag=i;}
        void operator += (Complex C){
            ＿＿＿＿＿＿＿;
            imag=imag+C.imag;
        }

        ＿＿＿＿＿＿＿;
        private:
        double real,imag;
    };
    Complex operator +(Complex &c1,int d)
    {  ＿＿＿＿＿＿  ;}
```

2. 下面是类 CFraction(分数)的定义,其中重载的运算符" << "以分数形式输出结果,例如将三分之二输出为"2/3"。

```
    class CFraction
    {
        int den; //分子
        int num; //分母
        friend ostream& operator << (ostream&,CFraction);
            ................
    };
```

```
ostream& operator <<(ostream& os,CFraction fr)
{
    _____;
    return _____;
}
```

3. 完善下列程序,通过赋值运算符和重载完成两个字符串对象间的赋值运算。

```
#include <iostream>
using namespace std;
class String{
        char * str;
public:
    String(char *p ="nostring"){
        str = new char[strlen(p) +1];
        strcpy(str,p);
    }
     ~String() {delete str;}
    friend ostream& operator <<(ostream&os,String& s){
        os <<s.str <<endl;
        return os;
    }
    _____{    //成员函数重载 =运算符
        delete str;
        _____;//字符串动态分配内存
        strcpy(str,a.str);
        _____//返回左操作数
    }
};
void main(){
    String a("first - come - first - service"),b;
    cout <<"执行赋值语句前:" <<endl;
    cout <<"a =" <<a <<"b =" <<b <<endl;
    b = a;
    cout <<"执行赋值语句后:" <<endl;
    cout <<"a =" <<a <<"b =" <<b <<endl;
}
```

四、编程题

1. 定义一个人民币类 money,类中数据成员为元、角、分。用成员函数重载 ++ 运算符,实现人民币对象分的加 1 运算。在主函数中定义人民币对象 m1 = 10 元 9 角 1 分以及对象 m2,m3。对 m1 做后置自增并赋给 m2,对 m2 做后置自增并赋给 m3。显示 m1,m2,m3 的结果。

2. 定义一个描述矩阵的类 Array,其数据成员为 3 * 3 的两维实数矩阵,重载 >> 运算符完成输入矩阵元素值,重载 << 运算符完成矩阵输出,重载 + 运算符完成两个矩阵的加法。在主函数中定义矩阵对象 a1,a2,a3 进行矩阵加法 a3 = a1 + a2 运算,并输出矩阵 a1,a2,a3 的全部元素值。

习题二　模板

一、选择题

1. 如果一个模板声明列出了多个类型形参,则每个类型形参间必须用逗号隔开,且都必须使用(　　)关键字来修饰。

　　A. const
　　　　　　　　　　B. static
　　C. void
　　　　　　　　　　D. class(或 tyRename)

2. 有如下函数模板:

```
Template < typename T,typename U >
    T cast(U u){return u;}
```

其功能是将 U 类型数据转换为 T 类型数据。已知 i 为 int 型变量,下列对模板函数 cast 的调用正确的是(　　)。

　　A. cast(i);
　　　　　　　　　　B. cast < > (i);
　　C. cast < char * ,int > (i);
　　　　　　D. cast < double,int > (i);

3. 模板函数的真正代码是在(　　)产生的。

　　A. 源程序中声明函数模板时
　　　　B. 源程序中定义函数模板时
　　C. 源程序中调用函数模板时
　　　　D. 运行执行函数模板时

4. 类模板的使用实际上是将类模板实例化成一个具体的(　　)。

　　A. 模板
　　　　　B. 对象
　　　　　C. 函数
　　　　　D. 模板类

5. 类模板的类型形参(　　)。

　　A. 只可作为数据成员的类型
　　　　B. 只可作为成员函数的返回值类型
　　C. 只可作为成员函数的形参类型
　　D. 以上三者均可

6. 类模板 template　<……> class X{……};现使函数 f(X&)成为 X 模板类的友元,则其说明应为(　　)。

　　A. friend void f();
　　　　　　　　B. friend void f(X&);
　　C. friend void A∷f();
　　　　　　　D. friend void X∷f(X&);

7. 有如下模板的定义,

```
template < class T >
T func(T x,T y){return x * x + y * y;}
```

下列对 func 的调用中不正确的是(　　)。

　　A. func(3,5);
　　　　　　　　　B. func(3,5.5);
　　C. func < int > (3,5.5);
　　　　　　D. func(3.5,5.5);

8. 下列关于类模板的描述中,错误的是(　　)。

　　A. 类模板的成员函数可以是函数模板

B. 类模板生成模板类时,必须指定类型形参所代表的具体类型

C. 定义类模板时只运行一个模板参数

D. 类模板所描述的是一组类

9. 下列函数模板定义错误的是( )。

A. template $<$ class Q $>$

  Q F(Q x) { return Q - x; }

B. template $<$ class Q $>$

  Q F(Q x) { return x + x; }

C. template $<$ class T $>$

  T F(T x) { return x * x; }

D. template $<$ class T $>$

  bool F(T x) { return x > 1 ; }

10. 有如下函数模板定义:

```
template < typename T1, int a2, int a3 >
T1 sum( T1 a1) {
    return ( a1 + a2 + a3 );
}
```

则以下调用中正确的是( )。

A. sum $<$ int, 4, 3 $>$ (5) ;

B. sum $<$ 4, 3 $>$ (5) ;

C. sum $<$ int, int, int $>$ (5) ;

D. sum(5) ;

二、读程序写结果

1.

```
#include < iostream >
using namespace std;
template < class T >
T fun( T a, T b) { return ( a <= b? a : b) ; }
int main( ) {
    cout << fun( 3, 6) << ',' << fun( 3.14F, 6.28F) << endl;
    return 0 ;
}
```

运行结果为:＿＿＿＿＿＿＿＿＿＿＿＿＿＿＿＿＿＿＿＿＿

2.

```
#include < iostream >
using namespace std;
template < class T >
class Base{
public:
    void PrintB( T obj) { cout << obj << endl; }
};
template < class T1, class T2 >
```

```
class Derived :public Base < T2 > {
public:
    void PrintD( T1 obj1, T2 obj2 ) { cout << obj1 <<" " <<
    obj2 << endl; }
};
int main( ) {
    Derived < char *,double > obj1;
    obj1.PrintB(12.34);
    obj1.PrintD("The value is:",56.78);
    Derived < int,int > obj2;
    obj2.PrintD(89,10);
    Derived < double,char * > obj3;
    obj3.PrintD(2.3,"is OK");
    return 0;
}
```

运行结果为:

3.

```
#include < iostream >
using namespace std;
template < typename TT > class FF{
    TT a1,a2,a3;
public:
    FF( TT b1,TT b2, TT b3 ) {
        a1 = b1; a2 = b2; a3 = b3;
    }
    TT sum( ) {
        return a1 + a2 + a3;
    }
};
int main( ) {
    FF < int > x(2,3,4),y(5,7,9);
    cout << x.sum( ) <<' '<< y.sum( ) << endl;
    return 0;
}
```

运行结果为:＿＿＿＿＿＿＿＿＿＿＿＿＿＿＿＿＿＿＿＿＿＿

4.

```
#include < iostream >
using namespace std;
```

```
template < class T >
class array{
    int size;
    T * aptr;
public:
    array( int s =1){
        size = s;
        aptr = new T[ s];
    }
    void fill_array( );
    void disp_array( );
    ~array( ){
        delete [ ]aptr;
    }
};
template < class T >  ·
void array < T > :: fill_array( ){
    cout <<"请输入" << size <<"个数据:\n";
    for( int i =0;i < size;i ++)
        cin >> aptr[ i];
}
template < class T >
void array < T > :: disp_array( ){
    for( int i =0;i < size;i ++){
        cout << aptr[ i] <<"";
        cout << endl;
    }
}
int main( ){
    array < char > ac( 5);
    cout <<"填充一个字符数组:\n";
    ac.fill_array( );
    cout <<"数组的内容是:\n";
    ac.disp_array( );
    return 0;
}
```

当屏幕上显示如下:

填充一个字符数组：

请输入 5 个数据：abcdefg

请写出输入回车之后的显示结果（注意格式）。

_____

_____

_____

_____

_____

_____

_____

_____

_____

_____

_____

_____

_____

5.

```cpp
#include < iostream >
using namespace std;
template < class T >
T total( T * data ){
    T s = 0;
    while( * data! = 0 ){
        s += * data ++;
    }
    return s;
}
int main(){
    int x[ ] = { 2,4,6,8,0,12,14,16,18 };
    cout << total(x) << endl;
    return 0;
}
```

运行结果为：_____

三、程序填空

1. 下面是一个函数模板,用于计算两个向量的和(计算两个数组相同下标的元素和)。

```
#include <iostream>
using namespace std;
template <typename T>
T * fun(T * a,T * b,int n)
{
    T * c = _____;
    for(int i =0;i <n;i ++)
        c[i] = _____;
    return _____;
}
void main()
{
    int a[5] ={1,2,3,4,5},b[] ={10,20,30,40,50}, * p;
    p = fun(a,b,5);
    for(int i =0;i <5;i ++)
        cout << _____ <<endl;
}
```

2. 下面的程序编写了一个简单的类模板,并生成了类型为 int 的模板类。

```
#include <iostream>
using namespace std;
_____ class vector{
    T * p;
    int length;
public:
    vector(int n,T a);
    T& operator[](int);
    int vlength(){
        _____;
    }
    };
    template <typename T>
    vector <T> ::vector(int n, T a){
        length =n;
        _____;
```

```
        for(int i = 0;i < length;i ++)
            p[i] = a;
    }
    template < typename T >
    T& vector < T > ::operator[](int ii){
        _____ exit(1);
        return( * (p + ii));
    }
    void main(){
        vector < int > a(5,1);
        for(int i = 0;i < a.vlength();i ++)
            cout << a[i] << ' ';
    }
```

四、编程题

1. 设计一个求数组元素总和的函数模板,函数模板实现两个数组中所有元素的求和操作,而特例函数则实现两个字符串相加(即字符串连接)的操作。编写主函数并进行测试。

2. 设计一个名为 Sample 的类模板,私有数据成员为 T n,并在该类模板中设计一个 operator == 重载运算符函数,用于比较两个对象的 n 数据是否相等。

第 8 章　继　承

1. 掌握基类和派生类的概念；
2. 能通过继承现有的类建立新类；
3. 能够用多重继承从多个基类派生出新类。

习题一　继承与派生的概念和实现方法

一、填空题

1. C++ 类继承中的 3 种方式为：公有继承（public）、私有继承（private）、保护继承（protected）。继承可以使现有的代码具有可重用性和可扩展性。若派生类定义时继承方式省略，则是＿＿＿＿＿＿＿方式。设继承式式和基类成员的特性如下表所示，请填写对应成员在派生类中的访问特性。

继承方式	基类特性	派生类特性
public	public	
	protected	
	private	
private	public	
	protected	
	private	
protected	public	
	protected	
	private	

2. 基类 A 中定义一个成员函数 callA，若 B 类直接继承了 A 类，希望 B 类的对象 objectB 能够直接访问这个成员函数，则类 A 中，callA 的访问属性应该定义为 public，派生类 B 的继承方式应该是 public 方式。若希望 B 中的其他成员函数可以访问 callA，而对象 objectB 不能直接访问，则有哪几种实现方法，请填空：

```
class A                        class A                        class A
{                              {                              {
    ……                             ……                             ……
_____:                      _____:                      _____:
    void callA( );                 void callA( );                 void callA( );
    ……                             ……                             ……
};                             };                             };
class B: _____ A            class B: _____ A            class B: _____ A
{                              {                              {
    ……                             ……                             ……
};                             };                             };
```

3. 在类继承中,基类的构造函数不被继承。定义派生类构造函数时,只需要对本类中新增成员进行初始化,对继承来的基类成员的初始化由_____完成。若派生类中存在其他类对象(即子对象),则在_____构造函数中应包含对子对象的初始化。

派生类构造函数定义格式:

派生类名:派生类名(_____所需的形参,_____所需的形参,_____所需的形参):_____(参数表1),_____(参数表2)
　{　　　　　　　　派生类中数据成员初始化　　　　　　}

4. 派生类构造函数的调用顺序:_____、_____、_____。

5. 派生类的析构函数也不被继承,派生类自行定义。定义方法与一般(无继承关系时)类的析构函数相同。结构函数体中_____显式地调用基类的析构函数,系统会_____隐式调用。析构函数的调用次序与构造函数_____。

二、选择题

1. 下列对派生类的描述中,(　　　)是错的。

A. 一个派生类可以作为另一个派生类的基类

B. 派生类至少有一个基类

C. 派生类的成员除了它自己的成员外,还包含了它的基类的成员

D. 派生类中继承的基类成员的访问权限到派生类保持不变

2. 派生类的对象对它的基类中(　　　)是可以访问的。

A. 公有继承的公有成员　　　　　　B. 公有继承的私有成员

C. 公有继承的保护成员　　　　　　D. 私有继承的公有成员

3. 对基类和派生类的描述中,(　　　)是错的。

A. 派生类是基类功能的扩展　　　　B. 派生类是基类的子集

C. 派生类是基类定义的延续　　　　D. 派生类是基类的组合

4. 继承具有(　　　),即当基类本身也是某一类的派生类时,底层的派生类也会自动继承间接基类的成员。

A. 规律性　　　　B. 传递性　　　　C. 重复性　　　　D. 多样性

5. 派生类的构造函数的成员初始值表中,不能包含(　　)。

A. 基类的构造函数 　　　　　　　　B. 派生类中子对象的初始化

C. 基类的子对象初始化 　　　　　　D. 派生类中一般数据成员的初始化

6. 关于子类型的描述中,(　　)是错的。

A. 子类型就是指派生类是基类的子类型

B. 一种类型当它至少提供了另一种类型的行为,则这种类型是另一种类型的子类型

C. 在公有继承下,派生类是基类的子类型

D. 子类型关系是不可逆的

三、读程序写结果

1.

```cpp
#include <iostream>
using namespace std;
class A
{
    public:
        A() { a = 0;
        cout <<"A's default constructor called.\n"; }
        A(int i) {a = i;
        cout <<"A's constructor called.\n"; }
        ~A() {cout <<"A's destructor called."<<endl; }
        void Print() const
        {cout <<a <<",";}
        int Geta()
        { return a; }
    private:
        int a;
};
class B:public A
{
    public:
        B() {b = 0;
        cout <<"B's default constructor called.\n"; }
        B(int i,int j,int k);
        ~B()
        {
```

```
                cout <<"B's destructor called." << endl;
            }
            void Print() const;
    private:
            int b;
        //  A  aa;
};
B::B(int i,int j,int k):A(i) //,aa(j)
{    b = k;
     cout <<"B's constructor called. \n";
}
void B::Print()const
{
     A:: Print();
     cout <<b <<", " <<endl;
   //aa.Print();
}
void main()
{

     B b(2,3,5);
     b.Print();
}
```

运行结果为：

2.

```
#include <iostream>
using namespace std;
class A
{
     public:
            A() { a = 0;
            cout <<"A's default constructor called. \n"; }
            A(int i) {a = i;
            cout <<"A's constructor called. \n"; }
            ~A() {cout <<"A's destructor called." << endl; }
            void Print() const
            {cout <<a <<",";}
            int Geta()
```

```cpp
        { return a; }
    private:
        int a;
};
class C
{
    public:
        C() { c = 0;
        cout <<"C's default constructor called.\n"; }
        C(int i) {c = i;
        cout <<"C's constructor called.\n"; }
        ~C() {cout <<"C's destructor called."<<endl; }
        void Print() const
        {cout << c <<","; }
        int Geta()
        { return c; }
    private:
        int c;
};
class B:public A
{
    public:
        B() {b = 0;
        cout <<"B's default constructor called.\n"; }
        B(int i,int j,int k);
        ~B()
        {
            cout <<"B's destructor called."<<endl;
        }
        void Print() const;
    private:
        int b;
        C   aa;
};
B::B(int i,int j,int k):A(i),aa(j)
{   b = k;
    cout <<"B's constructor called.\n";
```

```
    }
    void B::Print()const
    {
        A:: Print();
        cout <<b <<", ";
        aa.Print();
        cout <<endl;
    }
    void main()
    {

        B b(2,3,5);
        b.Print();
    }
```

运行结果为：

（分析与第 1 题的差别）

四、程序填空

1. 把平面直角坐标系上的一个点类 cPoint 作为基类,派生出一个矩形类 crect 和圆类 circle。要求成员函数能求出两点间距、矩形周长和面积。

```
#include <iostream>
#include <cmath>
using namespace std;
class cPoint
{
  public:
  int x,y;
  public:
  cPoint(int x =0,int y =0)
  {
  this ->x =x;
  this ->y =y;
  }
};

class cRect:_____
{
private:
```

```cpp
    int length,width;

public:
    cRect(int x = 0,int y = 0,int l = 0,int w = 0)_____
    {
        length = l; width = w;
    }
  double  girth()
  {
    return 2 * (length + width) ;
  }
  double  area()
  {
      return length * width;
  }
};

class cCircle:_____
{
private:
int radius;
static const float PI;
public:
    cCircle(int x = 0,int y = 0,int r = 0):cPoint(x,y)
{
        radius = r;
    }
double  girth()
{
  return 2 * PI * radius ;
}
double  area()
{
    return PI * radius * radius;
}
};
```

_____

```
int main()
{
    cRect c(0,0,2,1);
    cout << c.girth();
    cout << c.area();
    cCircle c2(0,0,6);
    cout << c2.area();
    return 0;
}
```

2. 以下是点、线、多边形和三角形的例子,在这个例子中运用了复合和集成机制,两个点构成一条线段,多个线段可以构成多边形,三角形是多边形的一种特例,多边形和三角形是继承的关系。

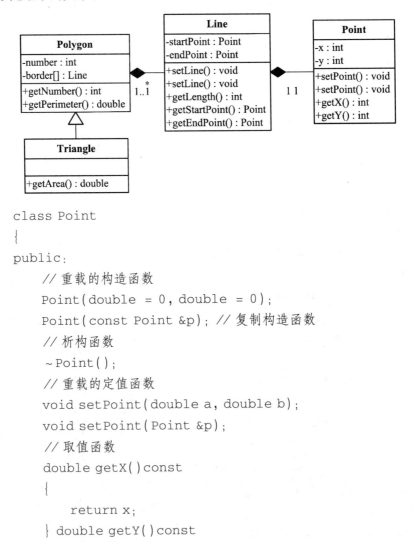

```
class Point
{
public:
    // 重载的构造函数
    Point(double = 0, double = 0);
    Point(const Point &p);  // 复制构造函数
    // 析构函数
    ~Point();
    // 重载的定值函数
    void setPoint(double a, double b);
    void setPoint(Point &p);
    // 取值函数
    double getX()const
    {
        return x;
    } double getY()const
```

```cpp
        {
            return y;
        }
    private:
        double x, y;
    };
    _____
    {
        x = a;
        y = b;
    }
    Point::Point(_____)
    {
        x = p.getX();
        y = p.getY();
    }
    Point::~Point(){}
    void Point::setPoint(double a, double b)
    {
        x = a;
        y = b;
    }
    void Point::setPoint(Point &p)
    {
        x = p.getX();
        y = p.getY();
    }
    class Line{
    public:
        // 重载的构造函数
        Line(double startX = 0, double startY = 0, double
endX = 0, double endY = 0);
        Line(Point start, Point end);
        Line(Line &line);    //复制构造函数
        // 析构函数
        ~Line();
        // 重载的定值函数
```

```cpp
        void setLine(double startX = 0, double startY = 0,
double endX = 0, double endY = 0);
        void setLine(Point , Point );
        double getLength() const; // 计算线段的长度
        // 取值函数
        Point getStartPoint()  {return startPoint;}
        Point getEndPoint()  {return endPoint;}
    private:
        _____ startPoint, endPoint;
    };
    Line::Line(double startX, double startY, double endX,
double endY)
      : startPoint(startX, startY), endPoint(endX, endY){}
    Line::Line(Line &line)
      : startPoint(line.getStartPoint()),
    endPoint(line.getEndPoint()) // 利用 Point 的复制构造函数
    {}
    Line::Line(Point start, Point end)
    _____// 利用 Point 的复制构造函数
    {}
    Line:: ~Line(){}
    void Line::setLine(double startX, double startY,
    double endX, double endY)
    {
        startPoint.setPoint(startX, startY);

        _____

    }
    void Line::setLine(Point start, Point end)
    {

        _____

        endPoint.setPoint(end);
    }
    // 计算线段的长度
    double Line::getLength()const
    {
        double x1 = startPoint.getX();
        double y1 = startPoint.getY();
```

```cpp
        double x2 = endPoint.getX();
        double y2 = endPoint.getY();
        return sqrt((x2 - x1) * (x2 - x1) + (y2 - y1) * (y2 - y1));
}
class Polygon
{
public:
        _____  // 构造函数
        ~Polygon();  // 析构函数
        int getNumber()const
        {
            return number;
        };
        double getPerimeter()const;  // 计算多边形的周长
protected:
        Line borders[MAX_BORDER_NUM];
        int number;
};
Polygon::Polygon(Point points[], int num)
{
        number = num;
        for (int i = 0; i < num; i++)
            borders[i].setLine(points[i],points[(i +1)% num]);
}
Polygon::~Polygon(){}
//计算多边形的周长
double Polygon::getPerimeter()const
{
        double perimeter = 0.0;
        for (int i = 0; i < number; i++)

        _____

        return perimeter;
}
class Triangle: public Polygon
{
        friend ostream &operator <<(ostream &, const Triangle &);
public:
```

```
    Triangle(Point points[]); // 构造函数
    ~Triangle(); // 析构函数
    double getArea()const; // 计算三角形的面积
};
Triangle::Triangle(Point points[]): _____{}
Triangle:: ~Triangle(){}
double Triangle::getArea()const
{
    double a = borders[0].getLength();
    double b = borders[1].getLength();
    double c = borders[2].getLength();
    double s = (a + b + c) /2;
    return sqrt(s * (s - a) * (s - b) * (s - c));
}
```

五、编程题

1. 下面是一个形状 shape 类,编写它的派生类：圆类 Circle、三角形 Triangle。在派生类中重新定义基类的成员函数并增加必要的数据成员,使之能够正常运行。

```
class Shape
{
public:
    double area()
    { return 0;}
    double girth()
    {return 0;}
    void show()
    {
        cout <<"shape object:"<<endl;
    }
};
```

2. 某出版系统发行图书和磁带,利用继承设计管理出版物的类。要求如下:建立一个基类 Publication 存储出版物的标题 title、出版物名称 name、单价 price 及出版日期 date。用 Book 类和 Tape 类分别管理图书和磁带,它们都从 Publication 类派生。Book 类具有保存图书页数的数据成员 page,Tape 类具有保存播放时间的数据成员 playtime。每个类都有构造函数、析构函数,且都有用于从键盘获取数据的成员函数 inputData( ),用于显示数据的成员函数 display( )。

习题二　多重继承和虚基类

一、填空题

1. 一个类也可以从多个基类派生而来,这种派生称为"多重继承"(multiple inheritance)。多重继承强大的功能支持了软件的复用性,但可能会引起大量的歧义性问题。在多重继承中,若两个基类中具有同名的数据成员或成员函数,使用_____来消除二义性,若派生类中新增成员或成员函数与基类成员或成员函数同名,则派生类会覆盖外层同名成员。

2. 多重继承类定义形式与单继承定义形式类似,继承对多个基类的说明间用"_____"分隔,如:class AmphibianCar:public Car, public Boat。

3. 多重继承的构造函数的执行顺序与单继承构造函数的执行顺序相同,也是遵循先执行_____,再执行_____,最后执行_____的原则。在多个基类之间,则严格按照派生类声明时从左到右的顺序来排列先后。而析构函数的执行顺序与构造函数的执行_____。

4. 如果某个派生类有多个基类,而这些基类又从另一个共同的基类派生而来,在这些基类中,从上一级基类继承来的成员就有相同的名称,则在这个派生类中访问这个共同的基类中的成员时,可能会产生二义性,解决这种二义性,需要定义_____。即要求在其直接基类的定义中,使用关键字_____将那个共同的基类声明为虚基类,其语法形式如下:

class 派生类名:virtual 派生方式　基类

class Car:virtual public Vehicle

5. 虚基类的初始化与一般多重继承的初始化在语法上是一样的,但构造函数的调用顺序不同,虚基类构造函数的调用顺序是这样规定的:

(1) 在同一层次中,先调用_____的构造函数,接下来依次是非虚基类的构造函数、对象成员的构造函数、_____的构造函数;

(2) 若同一层次中包含多个虚基类,这些虚基类的构造函数按_____的先后次序调用;

(3) 若虚基类由非虚基类派生而来,则仍然先调用_____,再调用_____。

二、选择题

1. 下列虚基类类的声明中正确的是(　　)。

A. class virtual B:public A

B. virtual class B:public A

C. class B:public A virtual

D. class B:virtual public A

2. 关于多继承二义性的描述中,(   )是错的。

A. 一个派生类的两个基类中都有某个同名成员,在派生类中对这个成员的访问可能出现二义性

B. 解决二义性的最常用的方法是类名限定法

C. 基类和派生类中同时出现的同名函数,也存在二义性问题

D. 一个派生类是从两个基类派生来的,而这两个基类又有一个共同的基类,对该共同基类成员进行访问时,也可能出现二义性

3. 设置虚基类的目的是(   )。

A. 简化程序   B. 消除二义性   C. 提高运行效率   D. 减少目标代码

4. 含有虚基类的多层派生类中,其虚基类构造函数的调用次数为(   )。

A. 与虚基类下面的派生类个数有关   B. 多次

C. 二次   D. 一次

三、程序填空

```cpp
#include <iostream>
using namespace std;

class Vehicle
{
    public:
        Vehicle(int weight = 0)
        {
            Vehicle::weight = weight;
        }
        void SetWeight(int weight)
        {
            cout <<"重新设置重量"<<endl;
            Vehicle::weight = weight;
        }
    protected:
        int weight;
};
class Car _____ public Vehicle //汽车
{
    public:
        Car(int weight = 0, int aird = 0):_____
        {
```

```cpp
                Car::aird = aird;
            }
        void ShowMe()
        {
            cout <<"我是汽车!"<<endl;
        }
    protected:
        int aird;
};
class Boat:_____//船
{
    public:
        Boat(int weight =0,float tonnage =0):
        Vehicle(weight)
        {
            Boat::tonnage = tonnage;
        }
        void ShowMe()
        {
            cout <<"我是船!"<<endl;
        }
    protected:
        float tonnage;
};
class AmphibianCar:public Car,public Boat
//水陆两用汽车,多重继承的体现
{
    public:
        AmphibianCar(int weight,int aird,float tonnage)
        :_____
        //多重继承要注意调用基类构造函数
        {
        }
        void ShowMe()
        {
            cout <<"我是水陆两用汽车!"<<endl;
        }
```

```
    };
    int main()
    {
        AmphibianCar a(4,200,1.35f);
         a.SetWeight(3);
        a.ShowMe();
        system("pause");
    }
```

四、编程题

编写程序对大学里的人员进行管理。大学里的人员主要由学生、教师(教课)、教员(不教课)和在职进修教师(既当学生又当教师)组成,各类人员均有姓名、电话和地址等信息,学生还有专业信息,在职另有所在部门及工资信息,教师另有教授课程信息,在职进修教师具备以上各类人员的信息。系统的类层次结构图如下:

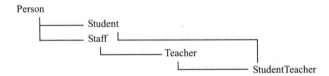

五、附加题

基类与派生类的转换

3 种继承方式(公用、保护、私有继承)中,公有派生类才是基类真正的子类型,它完整地继承了基类的功能。基类与派生类对象之间有赋值兼容关系,由于派生类中包含从基类继承的成员,因此可以将＿＿＿＿＿＿＿的值赋给＿＿＿＿＿＿＿对象,赋值是不可逆的。

注意:有的数据类型是不可转换的;转换是不可逆的。

(1) 派生类对象可以向基类对象赋值。

可以用子类(即公用派生类)对象对其基类对象赋值。

如果＿＿＿＿＿是＿＿＿＿＿的基类,则下列这组语句才是正确的:

    A a1; //定义基类 A 对象 a1

    B b1; //定义类 A 的公用派生类 B 的对象 b1

    a1 = b1; //用派生类 B 的对象 b1 对基类对象 a1 赋值

（2）派生类对象可以替代基类对象向基类对象的引用进行赋值或初始化。

如已定义了基类 A 的对象 a1，可以定义 a1 的引用：

A a1；//定义基类 A 对象 a1

B b1；//定义公用派生类 B 对象 b1

A&r = a1；//定义基类 A 对象的引用变量 r，并用 a1 对其初始化。或

A&r = b1；//定义基类 A 对象的引用变量 r，并用派生类 B 对象 b1 对其初始化或者

　　　　//保留上面第 3 行"A&r = a1；"，而对 r 重新赋值：

r = b1；//用派生类 B 对象 b1 对 a1 的引用变量 r 赋值

（3）如果函数的参数是基类对象或基类对象的引用，相应的实参可以用子类对象。

如有一函数 fun：

```
    void fun(A&r)              //形参是类 A 的对象的引用
      { cout << r.num << endl；}//输出该引用所代表的对象的数据
                              //成员 num
```

（4）派生类对象的地址可以赋给指向基类对象的指针变量，也就是说，指向基类对象的指针变量也可以指向派生类对象。

例：定义一个基类 Student（学生），再定义 Student 类的公用派生类 Graduate（研究生），用指向基类对象的指针输出数据。

本例主要是说明用指向基类对象的指针指向派生类对象。为了减少程序长度，在每个类中只设很少成员。学生类只设 num（学号）、name（名字）和 score（成绩）3 个数据成员，Graduate 类只增加一个数据成员 pay（工资）。

```cpp
    #include <string>
    using namespace std;
    class Student              //声明 Student 类
      { public：
          Student(int,string,float); //声明构造函数
          void display();        //声明输出函数
        private：
          int num;
          string name;
          float score; };
    Student∷Student(int n,string nam,float s) //定义构造函数
      { num = n;
        name = nam;
        score = s; }
    void Student∷display()      //定义输出函数
      { cout << endl << "num:" << num << endl;
```

```
      cout <<"name:" << name << endl;
      cout <<"score:" << score << endl; }

  class Graduate:public Student //声明公用派生类 Graduate
    { public:
        Graduate(int,string,float,float); //声明构造函数
        void display();        //声明输出函数
       private:
        float pay; };          //工资
  void Graduate::display()     //定义输山函数
    { Student::display();
                             //调用 Student 类的 display 函数
       cout <<"pay =" << pay << endl; }
  Graduate::Graduate(int n,string nam,float s,float p):
Student(n,nam,s),pay(p){}
        //定义构造函数
    int main()
     { Student stud1(1001,"Li",87.5);
       //定义 Student 类对象 stud1
       Graduate grad1(2001,"Wang",98.5,563.5);
       //定义 Graduate 类对象 grad1
       Student *pt = &stud1;
       //定义指向 Student 类对象的指针并指向 studl
       pt ->display();            //调用 studl.display 函数
       pt = &grad1;               //指针指向 gradl
       pt ->display();            //调用 gradl.display 函数
       return 0; }
```

程序的输出结果：

_____

_____

_____

_____

_____

_____

为什么没有输出 pay 的值？

第9章 多态性

  1. 掌握多态性的实现方式；
2. 掌握虚函数的定义方式；
3. 掌握利用虚函数实现多态性的方法；
4. 掌握抽象类的含义。

习题一 多态性与虚函数

一、填空题

1. C++ 中多态性包括两种多态性：_____ 和 _____。前者通过 _____ 和 _____ 实现，而后者通过 _____ 和 _____ 实现。

2. 在基类中将一个成员函数说明成虚函数后，在其派生类中只要_____、_____ 和 _____ 完全一样就认为是虚函数，而不必再加关键字 _____。如有任何不同，则认为是_____ 而不是虚函数。除了非成员函数不能作为虚函数外，_____ 、_____ 和 _____ 也不能作为虚函数。

二、选择题

1. 关于动态联编的描述中，错误的是(   )。

A. 动态联编是以虚函数作为基础

B. 动态联编是运行时确定所调用的函数代码

C. 动态联编调用函数操作是指向对象的指针

D. 动态联编是在编译时确定操作的函数的

2. 编译时的多态性可以通过(   )获得。

A. 虚函数和指针   B. 重载函数   C. 虚函数和对象   D. 虚函数和引用

3. 通过(   )调用虚函数时，采用动态束定(动态联编)。

A. 对象指针   B. 对象名   C. 成员名限定   D. 派生类名

4. 关于虚函数的描述中，(   )是正确的。

A. 虚函数是一个静态成员函数

B. 虚函数是一个非成员函数

C. 虚函数既可以在函数说明时定义,也可以在函数实现时定义

D. 派生类的虚函数与基类中对应的虚函数具有相同的参数个数和类型

5. C++体系中,不能被派生类继承的有(　　)。

A. 构造函数　　　　B. 虚函数　　　　C. 静态成员函数　　D. 常成员函数

6. 下列描述中,(　　)是抽象类的特征。

A. 可以说明虚函数　　　　　　　　　B. 可以进行构造函数重载

C. 可以定义友元函数　　　　　　　　D. 不能生成其对象

7. 以下(　　)成员函数表示虚函数。

A. int vf(int){ };　　　　　　　　B. virtual vf(int);

C. void vf( ) = 0;　　　　　　　　D. virtual void vf(int){ };

8. 下列关于虚函数的说明中,正确的是(　　)。

A. 从虚基类继承的函数都是虚函数　　B. 虚函数不得是静态成员函数

C. 只能通过指针或引用调用虚函数　　D. 抽象类的成员函数都是虚函数

9. 以下对于虚函数描述错误的是(　　)。

A. 派生类中重定义虚函数只需与基类的虚函数同名,对参数列表无要求

B. 静态成员函数和内联函数不能作为虚函数

C. 析构函数可以定义为虚函数

D. 如果定义放在类外,virtual 只能加在函数声明前面,不能再加在函数定义前面

10. 关于虚函数的描述中,(　　)是正确的。

A. 虚函数是一个 static 类型的成员函数

B. 虚函数是一个非成员函数

C. 基类中说明了虚函数后,派生类中将其对应的函数可不必说明为虚函数

D. 派生类的虚函数与基类的虚函数具有不同的参数个数和类型

11. 下列哪种函数可以是虚函数(　　)。

A. 自定义的构造函数　　　　　　　　B. 拷贝构造函数

C. 静态成员函数　　　　　　　　　　D. 析构函数

三、读程序写结果

1.

```
#include <iostream>
using namespace std;
class ONE{
public:
        virtual void f(){cout <<"1";}
};
class TWO:public ONE{
public:
```

```cpp
        TWO(){cout <<"2";}
    };
    class THREE:public TWO{
    public:
        virtual void f(){
            TWO::f();
            cout <<"3";
        }
    };
    int main(){
        ONE *p;
        TWO bb;
        THREE cc;
        p = &cc;
        p -> f();
        return 0;
    }
```

运行结果为：

2.

```cpp
    #include <iostream>
    using namespace std;
    class base{
    public:
        virtual void f1(){
            cout <<"F1 Base \n";
        }
        virtual void f2(){
            cout <<"F2 Base";
        }
    };
    class derive:public base{
    public:
        void f1(){
            cout <<"F1 Derive \n";
        }
        void f2(){
            cout <<"F2 Derive \n";
        }
```

运行结果为：

```cpp
};
int main(){
    base obj1, * p;
    derive obj2;
    p = &obj2;
    p -> f1();
    p -> f2();
    return 0;
}
```

3.

```cpp
#include<iostream>
using namespace std;
class Base{
public:
    void fun1(){
        cout <<"Base\n";
    }
    virtual void fun2(){
        cout <<"Base\n";
    }
};
class Derived:public Base{
public:
    void fun1(){
        cout <<"Derived\n";
    }
    void fun2(){
        cout <<"Derived\n";
    }
};
void f(Base& b){
    b.fun1();
    b.fun2();
}
int main(){
    Derived obj;
    f(obj);
    return 0;
}
```

运行结果为：

习题二　纯虚函数与抽象类

一、填空题

纯虚函数定义时在函数参数表后加 _____，它表明程序员对函数 _____，其本质是将指向函数体的指针定为_____。

二、选择题

1. 下列关于纯虚函数与抽象类的描述中,错误的是(　　)。
A. 纯虚函数是一种特殊的虚函数,它没有具体的实现
B. 抽象类是指具有纯虚函数的类
C. 一个基类中说明具有纯虚函数,则该基类的派生类一定不再是抽象类
D. 抽象类只能作为基类来使用,其纯虚函数的实现由派生类给出

2. 以下说法正确的是(　　)。
A. 虚基类至少具有一个纯虚函数,因而不能建立该类的对象
B. 抽象类不能用作参数类型,但抽象类对象可以用作函数实参
C. 可以利用指向抽象类的指针指向它的派生类,进而实现多态性
D. 虚基类与抽象类的区别在于虚基类不能建立该类的对象,只能用于派生子类

3. 多态指的是(　　)。
A. 以任何方式调用一个虚函数
B. 以任何方式调用一个纯虚函数
C. 借助于指向对象的基类指针或引用调用一个虚函数
D. 借助于指向对象的基类指针或引用调用一个纯虚函数

4. 假设 A 为抽象类,下列声明(　　)是正确的。
A. A fun(int);　　　　B. A * p;　　　　C. int fun(A);　　　　D. A Obj;

5. 以下(　　)成员函数表示纯虚函数
A. virtual int vf(int);　　　　　　　　B. void vf(int) =0;
C. virtual void vf() =0;　　　　　　　D. virtual void vf(int) {}

6. 在下面程序中,A,B,C,D 四句编译时不会出现错误的是(　　)
```
#include <iostream>
using namespace std;
class Base      //基类是抽象类
{
public:
    Base(){}
```

```cpp
        Base(int c):count(c){}
        virtual void print() const =0;
    private:
        int count;
};
class Derived:public Base            //派生类
{
public:
        Derived():Base(0){}
        Derived(int c):Base(c){}
        void print() const { cout <<"Derived" <<endl;}
};
        void main()
{

        Derived d(10);
        Base *pb;
        pb = &d;                    // A
        Base &cb = d;
        Derived dd =* pb;           // B
        Derived &cd = cb;           // C
        Base bb = d;                // D

}
```

三、读程序写结果

```cpp
#include <iostream>
using namespace std;
class B0{
  public:
    virtual void display() =0;
};
class B1: public B0 {
  public:
    void display(){cout <<"B1::display()" <<endl;}
};
class D1: public B1{
  public:
    void display(){cout <<"D1::display()" <<endl;}
```

```
};
void fun(B0 *ptr) {
    ptr->display();
}
void main()    {
    B0 *p;
    B1 b1;
    D1 d1;
    p = &b1;
    fun(p);
    p = &d1;
    fun(p);
}
```

四、编程题

1. 利用虚函数实现的多态性求两种几何图形的面积之和。这两种图形是:矩形和圆。

要求:定义一个具有多态性的基类 shape,继承以下类:

圆 circle 类(坐标点和半径构成);

矩形 rectangle 类(两个不重合的坐标点构成);

定义虚函数 display() 输出 3 类对象的信息,纯虚函数 area() 求派生类图形的面积。

2. 定义基类 human 包括姓名 char＊、性别 enum，派生学生类 stu（新增年龄 int year）和党员类 cpc（新增党龄 int year），由 stu 和 cpc 共同共有派生学生党员类 stucpc（新增档案号 int doc），用虚函数 void out（）输出所有类的成员，并验证结果。

第 10 章　输入输出流

 教学重点

1. 屏幕输出；
2. 键盘输入；
3. 插入符和提取符的重载；
4. 格式化输入和输出；
5. 磁盘文件的输入和输出；
6. 字符串流；
7. 流错误的处理。

习题　输入输出流

一、选择题

1. 以下(　　)是 istream 类提供的对读指针进行定位操作的函数。

A. seek B. seekp C. seekg D. read

2. 关于提取符"＞＞"、提取函数 get( )的不正确说法是(　　)。

A. 在缺省情况下提取符"＞＞"能提取空白字符

B. 提取函数 get( )能提取空白字符

C. 提取函数 get( )可带参数,用以存储从流中得到的字符

D. 不带参数的提取函数 get( )的返回值为所提取的字符

3. 下列不能以写方式打开文件的是(　　)。

A. ofstream f("c1. txt") ; B. ofstream f; f. open("c1. txt") ;

C. fstream f("c1. txt") ; D. fstream f; f. open("c1. txt",ios∷out) ;

4. 下面关于 C++ 流的叙述中,正确的是(　　)。

A. cin 是一个输入流对象

B. 可以用 ifstream 定义一个输出流对象

C. 执行语句序列 char * y ="Happy new year"; cout ＜＜y;时,输出为:Happy

D. 执行语句序列 char x[80]; cin. getline(x,80);时,若输入:`Happy new year`
则 x 中的字符串是"Happy"

5. 使用 setw( )对数据进行格式输出时,应包含(　　)文件。

A. iostream B. fstream C. iomanip D. cstdlib

6. 在 ios 中提供控制的标志中,(   )是转换为十六进制形成的标志位。

A. hex   B. oct   C. dec   D. left

7. 运行下列程序结果为(   )。

```cpp
#include <iostream>
using namespace std;
int main()
{
    cout.width(6);
    cout.fill('*');
    cout <<'a'<<1 <<endl;
    return 0;
}
```

A. * * * * * a * * * * * 1   B. * * * * * a1

C. a * * * * * 1 * * * * *   D. a * * * * * 1

8. 当使用 ifstream 流类定义一个流对象并打开一个磁盘文件时,文件的隐含打开方式为(   )。

A. ios :: in   B. ios :: out

C. ios :: in | ios :: out   D. 没有

9. 当需要打开 A 盘上的 xxk. dat 文件用于输入时,则正确定义了文件流对象的语句为(   )。

A. fstream fin("A:\\xxk. dat");

B. ofstream fin("A:\\xxk. dat");

C. ifstream fin("A:\\xxk. dat",ios :: app);

D. ifstream fin("A:\\xxk. dat",ios :: nocreate);

10. 语句 ofstream f("SALARY. DAT",ios :: app)的功能是建立流对象 f,并试图打开文件 SALARY. DAT 与 f 关联,而且(   )。

A. 若文件存在,将其置为空文件;若文件不存在,打开失败

B. 若文件存在,将文件指针定位于文件尾;若文件不存在,建立一个新文件

C. 若文件存在,将文件指针定位于文件首;若文件不存在,打开失败

D. 若文件存在,打开失败;若文件不存在,建立一个新文件

11. 进行文件操作时,需要包含(   )文件。

A. iostream   B. fstream   C. stdio   D. math

12. 下列关于 read(char * buf,int size)函数的描述中,(   )是正确的。

A. 函数只能从键盘输入中获取字符串

B. 函数所获取的字符多少是不受限制的

C. 该函数只能用于文本文件的操作中

D. 该函数只能按规定读取所指定的字符数

13. 若磁盘上已存在某个文本文件,它的全路径文件名为 d:\kaoshi\test. txt,则下列语句中不能打开该文件的是(　　)。

    A. ifstream file("d:\kaoshi\test. txt");

    B. ifstream file("d:\\kaoshi\\test. txt");

    C. ifstream file; file. open("d:\\kaoshi\\test. txt");

    D. ifstream * pFile = new ifstream("d:\\kaoshi\\test. txt");

14. 以下关于文件操作的叙述中,不正确的是(　　)。

A. 打开文件的目的是使文件对象与磁盘文件建立联系

B. 文件读写过程中,程序将直接与磁盘文件进行数据交换

C. 关闭文件的目的之一是保证将输出的数据写入硬盘文件

D. 关闭文件的目的之一是释放内存中的文件对象

15. 若有语句

```
char str[20];cin >> str;
```

当输入:

```
This is a C++ program
```

时,str 所得结果是(　　)。

A. This is a C++ program　　　　　　B. This

C. This is　　　　　　　　　　　　D. This is a C

二、填空题

1. 标准错误流的输出一般用流对象＿＿＿＿＿＿＿＿或＿＿＿＿＿＿＿＿表示。

2. C++ 中的输入/输出是以＿＿＿＿＿＿＿＿的形式实现的。

3. 进行文件操作时,需要包含＿＿＿＿＿＿＿＿文件。

4. 重载的流操作运算符经常定义为类的＿＿＿＿＿＿＿＿函数。

5. 在 C++ 中"流"是表示＿＿＿＿＿＿＿＿＿＿＿＿。从流中取得数据称为＿＿＿＿＿＿,用符号＿＿＿＿＿＿表示;向流中添加数据称为＿＿＿＿＿＿,用符号＿＿＿＿＿＿表示。

6. 类＿＿＿＿＿＿＿＿是所有基本流类的基类,它有一个保护访问限制的指针指向类＿＿＿＿＿＿＿＿,其作用是管理一个流的＿＿＿＿＿＿＿＿,C++ 流类库定义的 cin、cout、cerr 和 clog 是＿＿＿＿＿＿＿＿。cin 通过重载＿＿＿＿＿＿＿＿执行输入,而 cout、cerr 和 clog 通过＿＿＿＿＿＿＿＿执行输出。

7. C++ 在类 ios 中定义了输入输出格式控制标志,它是一个＿＿＿＿＿＿＿＿。该类型中的每一个量对应两个字节数据的一位,每一个位代表一种控制,如要取多种控制时可用＿＿＿＿＿＿＿＿运算符来合成。

8. 采用输入输出格式控制符,其中有参数的,必须要求包含＿＿＿＿＿＿＿＿头文件。

9. C++ 根据文件内容的数据格式可分为两类:＿＿＿＿＿＿＿＿和＿＿＿＿＿＿＿＿,前者存取的最小信息单位为＿＿＿＿＿＿＿＿,后者为＿＿＿＿＿＿＿＿。

10. C++ 把每一个文件都看成一个_____流,并以_____结束。对文件读写实际上受到指针的控制,输入流的指针也称为_____,每一次提取从该指针所指位置开始。输出流的指针也称为_____,每一次插入也从该指针所指位置开始。每次操作后自动将指针向文件尾移动。如果能任意向前向后移动该指针,则可实现_____。

11. 成员函数_____和_____被用于设置和恢复格式状态标志。

12. 对文本文件的 I/O 操作使用_____和_____操作符、____和_____成员函数以及 getline 成员函数完成;对二进制文件的I/O操作使用_____和_____成员函数来完成。

13. 在 C++ 中,打开一个文件就是将一个文件与一个_____建立关联;关闭一个文件就是取消这种关联。

三、读程序写结果

1.
```cpp
#include   <iostream >
#include   <iomanip >
using namespace std;
void main( )
{
    double values[ ] = {1.23,35.36,653.7,4358.24};
    char * names[ ] = {"Jim","Cindy","Tidy","Sam"};
    cout.setf(ios::scientific);
    cout.setf(ios::left);
    cout.precision(1);
    for(int i =0;i <4;i ++)
      cout << setw(6)<<names[i] << setw(10)<<values[i]
        <<endl;
}
```
运行结果为:_____

_____

_____

_____

2.
```cpp
# include   <iostream >
using namespace std;
int main( )
{
```

```cpp
    char ch;
    int tab_cnt = 0,n1_cnt = 0,space_cnt = 0;
    while(cin.get(ch))
    {
        switch(ch)
        {
            case ' ':space_cnt ++;break;
            case '\t': tab_cnt ++;break;
            case '\n': n1_cnt ++;break;
        }
    }
    cout <<"空格"<<space_cnt <<'\t'
        <<"行数"<<n1_cnt <<'\t'
        <<"制表符"<<tab_cnt <<"\n\t";
    return 0;
}
```

若输入为:

This is a book.

12 34.5 67.89

12 +56 *10

^Z

则输出为:_____

3.

```cpp
#include <fstream>
#include <iostream>
using namespace std;
void main()
{
    fstream file;
    file.open("t1.dat",ios::in|ios::out);
    if(! file)
    {
        cout <<"t1.dat can't open.\n";
        abort();
    }
    char s[] ="abcdefg\n123456";
    for(int i =0;i <sizeof(s);i ++)
```

```
            file.put(s[i]);
         file.seekg(5);
         char ch;
         while(file.get(ch))
            cout << ch;
         cout << endl;
         file.close();
      }
```

运行结果为:_____

4.
```
    #include < strstrea >
    #include < iostrean >
    using namespace std;
    int main()
    {
       char * name = "This is a book.";
       int arraysize = strlen(name) +1;
       istrstream is(name,arraysize);
       char temp;
       for(int i = 0;i < arraysize;i ++)
       {
          is >> temp;
          cout << temp;
       }
       returno;
    }
```

运行结果为:_____

5.
```
    #include < iostream >
    #include < string >
    using namespace std;
    void PrintString(char * s)
    {
       cout.write(s,strlen(s)).put('\n');
       cout.write(s,6) <<"\n";
    }
```

```
void main()
{
    char  str[] ="I love Wensimei";
    PrintString(str);
    PrintString ("She is my lover");
}
```

运行结果为: _____

_____

_____

_____

6.
```
#include <iostream>
#include <iomanip>
using namespace std;
void main()
{
    int a =127;
double b =314159.26;
cout << setw(6) <<a <<endl;
cout.unsetf(ios::dec);
cout.setf(ios::hex |ios::showbase |ios::uppercase);
cout <<a <<endl;
cout.precision(8);
cout << -b <<endl;
cout.setf(ios::scientific |ios::left);
cout.width(20);
cout.setf(ios::internal);
cout << -b <<endl;
}
```

运行结果为: _____

_____

_____

_____

7.
```
#include <iostream>
using namespace std;
class point
```

```cpp
{
    double x,y;
public:
    void set(double,double);
    double getx();
    double gety();
};
void point::set(double i, double j)
{
    x = i;
    y = j;
}
double point::getx()
{
    return x;
}
double point::gety()
{
    return y;
}
ostream &operator <<(ostream &out, point &p1)
{
    return out <<'('<<p1.getx()<<','<<p1.gety()<<')';
}
int main()
{
    point p1;
    double x=3.1,y=4.5;
    p1.set(x,y);
    cout <<"p1 ="<<p1<<endl;
    return o;
}
```

运行结果为:_____

四、程序填空

1. 以下程序是将文本文件 data.txt 中的内容读出并显示在屏幕上。

```cpp
#include <fstream>
```

```
#include <iostream>
using namespace std;
void main()
{
    char buf[80];
    ifstream  me("e:\\exercise\\data.txt");
    while(_____)
    {
        me.getline(buf,80);
        cout << _____ << endl;
    }
}
```

2. 以下程序向 C 盘的 new.txt 文件写入内容,然后读出文件中内容并显示在屏幕上。

```
#include <fstream>
#include <iostream>
using namespace std;
void main()
{
    char str[100];
    fstream f;
    f.open(_____);
    f <<"hello world";
    f.put('\n');
    _____;
    while(!f.eof())
    {
        f.getline(str,100);
        cout << str;
    }
}
```

3. 以下程序将结构体变量 tt 中的内容写入 D 盘上的 date.txt 文件。

```
#include <fstream>
#include <iostream>
using nanespace std;
struct date
{
```

```
        int year,month,day;
    };
    void main()
    {
        date tt ={2002,2,12};
        ofstream(_____);
        outdate.open("d:\\date.txt",ios::binary);
        if(_____)
        {
            cerr <<"\n文件不能打开"<<endl;
            abort()
        }
        outdate.write(_____);
    }
```

4. 以下的程序把一个整数文件中的数据乘以 10 后写到另一文件中。

```
    #include <iostream>
    #include <fstream>
    using namespace std;
    void main()
    {
        char  f1[20],f2[20];
        cout <<"输入源文件名:";
        cin.getline(f1,20);
        ifstream input(_____);
        if(!input)
        {
            cerr <<"源文件不存在"<<endl;
            abort();
        }
        cout <<"输入目标文件名:";
        cin.getline(f2,20);
        ofstream output(_____);
        if(! output)
        {
        cerr <<"目标文件已存在"<<endl;
            abort();
        }
```

```
int number;
while(_____) _____ <<'\t';
input.close();
output.close();
}
```

五、编程题

1. 将文本文件 datain. txt 中的小写字母转换成大写字母存入 dataout. txt 文件中。

2. 生成一个二进制数据文件 data. dat,将 1 ~ 100 的平方根写入文件中。

3. 从第 2 题中产生的数据文件中读取二进制数据,并在屏幕上以每行 5 个数,每个数按定点方式输出,域宽 15,输出到小数点后第 10 位的形式显示。

4. 用二进制方式,把一个文本文件连接到另一个文本文件的尾部。

第二部分　C++ 实验指导

实验一　熟悉开发环境

用 C++ 语言编写好一个程序后，需要经过编辑、编译、链接、调试运行 4 个步骤。

- 编辑（edit）：编写 C++ 源程序文件，建立扩展名为 .cpp 的文件；
- 编译（compile）：编译源程序文件，生成与源程序文件同名的目标文件，扩展名为 .obj；
- 链接（link）：将目标文件与 C++ 的库文件相链接，生成扩展名为 .exe 的可执行文件；
- 运行（run）：运行可执行文件，实现程序需要的功能。

Visual Studio 为用户提供了一个集这 4 个步骤于一体的集成环境，在该环境下可以分步或者一次性完成这 4 个步骤。

本章主要介绍在 Visual Studio 2008 环境下创建一个控制台应用程序（Console Application）的过程。

一、启动 Visual Studio 2008

在安装 Visual Studio 2008 之后，启动 Visual Studio 2008，可以看到如图 1-1 所示的开发环境界面。

图 1-1　开发环境界面

运行环境的界面被分割成多个区域,用于提供编译过程中需要的不同操作窗口和信息显示窗口。根据提供的操作功能和显示的信息不同,这些区域大致分为4类:

● 项目和解决方案工作区:用于选项提供"解决方案资源管理器"、"类视图"、"资源视图"、"属性管理器"等窗口的相应信息和操作;

● 源文件编辑工作区:用于选项提供程序中各类源文件的显示和编辑窗口;

● 辅助编辑工作区:用于提供或选项提供程序项目和解决方案所需的其他常用辅助编辑窗口的相应信息和操作,例如,提供控件资源的"工具箱"、通过程序属性显示和编辑的"属性"等窗口;

● 编译链接信息工作区:用于提供显示程序项目和解决方案在编译链接过程所产生的各种信息提示的"输出"窗口。

二、输入和编辑源程序

在 Visual Studio 2008 中,虽然也可以编写由单个 C++ 源程序文件构成的应用程序,但是更推荐通过创建应用程序项目和解决方案编写由多个 C++ 源程序文件构成的应用程序。

1. 新建一个 C++ 控制台程序项目和解决方案

在 Visual Studio 2008 的主菜单中选择"文件"子菜单;在该子菜单中选择"新建"菜单;接下来选择"项目"菜单项;或者点击源程序编辑区域"最近的项目"创建项目,如图 1-2 所示。

图 1-2 创建新的控制台应用程序项目

在弹出的如图 1-3 所示的项目种类选择界面中：

● 点击"Visual C++"节点下面的"WIN32"子节点，选择"WIN32 控制台应用程序模板"。

● 给新创建的项目指定一个自定义的项目名称，如 example，输入在窗口下方的"名称"文本框中。

● 点击"浏览"按钮，选择并确定项目在磁盘中的创建"位置"，E:\C++ Project。

图 1-3　项目种类选择

● 输入"解决方案名称"，可以采用默认，也可以自己定义。

注意：系统默认的解决方案名称一般与用户输入的项目名称相同，但也可以修改与项目名称不同的名字，因为一个解决方案中可以包含为解决同一个实际问题的多个相关项目。

● 点击"确定"按钮，弹出 WIN 32 应用程序项目创建向导界面。

● 点击"下一步"，在弹出的如图 1-4 所示的应用程序设置界面中，在附加选项中勾选"空项目"并点击"完成"按钮。

于是在指定的磁盘位置创建一个名称为解决方案名称的子目录，如本例中创建了 E:\C++ Project\example，该子目录包含了如图 1-5 所示的文件夹。请同学们自行打开查看该文件夹下的文件。

2. 输入和编辑程序源代码

打开"项目和解决方案工作区"点击"解决方案"节点下的"源文件"节点，右击鼠标，在菜单中选择"添加"，并在子菜单中选择"新建项"，如图 1-6 所示。

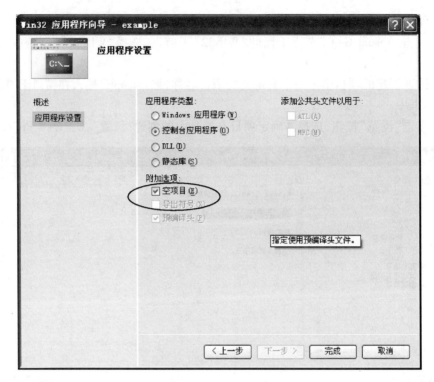

图1-4 应用程序设置

图1-5 磁盘中的解决方案子目录

图 1-6　添加源文件

在弹出的对话框中选"C++ 文件",并为要编辑的源文件命名(可以不写扩展名),如本例的 main,位置无需修改,默认为工程所在目录,最后点击"添加",如图 1-7 所示。

图 1-7　为源文件命名

最后在如图 1-8 所示的源代码编辑区中输入(或编辑)源代码。

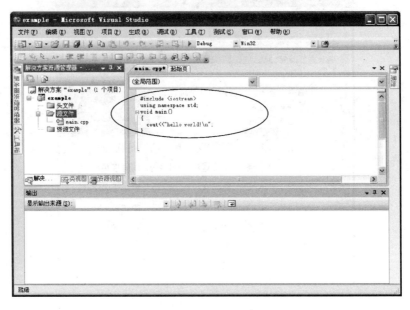

图 1-8　源代码编辑窗口

三、源程序的编译和链接

源代码编辑完成,选择"生成"子菜单下面的"生成解决方案"菜单项,如图 1-9 所示,对整个解决方案的所有文件进行编译,编译成功生成相应的目标.obj 文件,然后目标文件链接成可执行的.exe 文件。

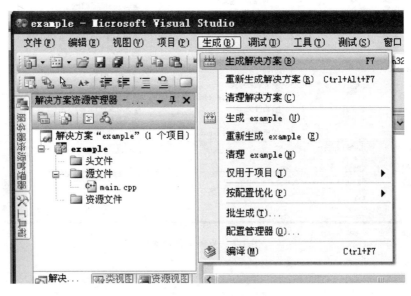

图 1-9　编译链接源程序

在应用程序的编译和链接过程中,难免会发生错误,这些错误可分为编译错误和链接错误两大类。本节介绍几类常见的编译错误。

编译错误,顾名思义,该类错误是在源代码编译过程中产生的。有错误的源文件是不能生成目标文件的,产生编译错误的原因有很多,常见的有:

● 文本拼写错误

如 cut << "hello world";该语句中的 cout 拼写错误,出现错误提示"cut":未声明的标识符,如图 1-10 所示。

双击信息输出区的错误提示,就会在程序编辑区看到出现错误的位置。

图 1-10　文本拼写错误

● 程序结构错误

程序结构的匹配错误,如花括号与括号的配对问题。

● 使用了未声明的标识符

程序源代码中所有被引用的标识符都应当在声明之后使用,否则将产生编译错误。

如直接使用 cout,而未添加#include ＜iostream＞ ,则在编译过程中,会出现引用标识符 cout 时的错误信息,如图 1-11 所示。

图 1-11　未声明标识符的错误提示

四、可执行文件的运行

如果应用程序的可执行文件在执行过程中没有发生错误,则会在控制台窗口显示应用程序的运行结果。如本例的应用程序执行结果如图 1-12 所示。

图 1-12　运行结果

注意:在执行编译 main. cpp 后图 1-12 的结果显示框只会一闪而过,因此需要在主函数返回之前加上 system(″pause″);语句。正确完整的 example. cpp 程序如下:

```cpp
//example.cpp:定义控制台应用程序的入口点
//

#include <iostream>
using namespace std;

int main()
{
    cout <<"hello world";
    system("pause");     //需要加上该条语句
```

```
        return 0;
    }
```

五、关闭和打开一个已经创建的应用程序项目和解决方案

在完成一个 C++ 应用程序项目后,若想执行第二个 C++ 程序,必须首先关闭前一个程序的解决方案,然后通过建立新的项目,或者打开已有的项目,否则运行的将一直是前一个程序。

1. 关闭一个已经创建的应用程序项目和解决方案

在主菜单中选择"文件"子菜单,在该子菜单中选择"关闭解决方案",即可关闭当前在 Visual Studio 中打开的解决方案。如图 1-13 所示。

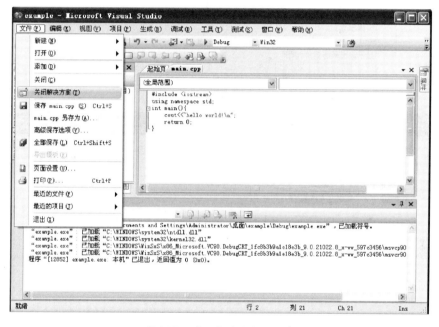

图 1-13 关闭当前的应用程序

2. 打开一个已有的应用程序项目和解决方案

在 Visual Studio 的主菜单中选择"文件"子菜单,在该子菜单中选择"打开"子菜单,选择"项目/解决方案"选项。也可以在程序编辑区中点击"打开项目",如图 1-14 所示。

在弹出的如图 1-15 所示对话框界面中,查询并打开包含在解决方案子目录中的. sln 文件(如本例的 example. sln),即可打开该文件管理的应用程序项目和解决方案。

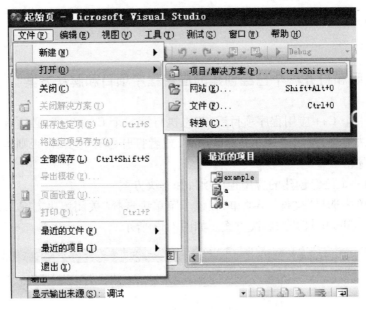

图 1-14　打开应用程序项目

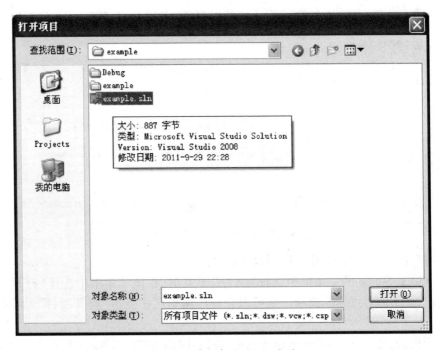

图 1-15　查找相应的.sln 文件

实验二　程序控制结构（一）

一、实验目的

1. 掌握表达式语句、空语句、复合语句；掌握简单程序的设计方法；
2. 掌握用 if 语句实现选择结构；掌握用 switch 语句实现多分支选择结构；
3. 掌握 for 循环结构；掌握 while 和 do-while 循环结构；掌握 continue，break，return；掌握循环的嵌套。

二、实验准备

复习程序的 3 种控制结构，思考为什么只有这 3 种结构，重点练习分支结构、循环结构和嵌套循环结构的程序设计，探讨其中的规律。

三、实验内容

1. 根据程序写结果
```
#include <iomanip>
#include <iostream>
using namespace std;
void main()
{
    int a =10;
    double b =123.456789;
    char c ='#';
    cout <<hex <<a <<endl;_____
    cout <<oct <<a <<endl;_____
    cout <<dec <<a <<endl;_____
    cout <<setw(10) <<a <<endl;_____
    cout <<setw(10) <<setfill('*') <<a <<setw(15) <<b
     <<c <<endl;_____
    cout <<left <<setw(10) <<setfill('*') <<a <<setw
```

```
(15) << b << c << endl;_____
cout << setprecision(6) << b << endl;        _____
cout << setiosflags(ios::scientific) << b << endl;

                                             _____
```
   }

2. 编程实现：

$$y = \begin{cases} -1 & (x < 0) \\ 0 & (x = 0) \\ 1 & (x > 0) \end{cases}$$

3. 从键盘上输入 a,b,c,计算并输出一元二次方程 $ax * x + bx + c = 0$ 的解。

   分析:根据数学基础,一元二次方程的解会根据系数 a,b,c 的不同,产生不同的解。
流程图如图 2-1 所示:

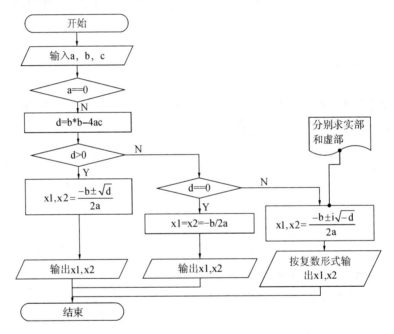

图 2-1　流程图

实验三　程序控制结构（二）

一、实验目的

1. 掌握表达式语句、空语句、复合语句;掌握简单程序的设计方法;
2. 掌握用 if 语句实现选择结构;掌握用 switch 语句实现多分支选择结构;
3. 掌握 for 循环结构;掌握 while 和 do-while 循环结构;掌握 continue,break,return;
掌握循环的嵌套。

二、实验内容

1. 以下程序是求 100～200 以内的素数,请将程序补充完整,并上机调试结果,论证程序的正确性,思考如何证明该程序代码是正确的。

```cpp
#include < math >
#include < iostream >
using namespace std;
int main()
{
    int m, i, k;
    for(_____)
    {
        k = sqrt(m);
        for( i = 2; _____; i ++ )
        if(m%i == 0) _____;
        if(i >= k + 1)  cout << m << endl;
    }
    return 0;
}
```

2. 求 1 000 以内的完数(一个数如果恰好等于除它本身外的因子之和,这个数就称为完数)。例如:6 = 1 + 2 + 3,要求以如下形式输出:6→1,2,3。

3. 编写程序并上机调试运行,要求如下:

用循环语句编程,显示输出如下图 3-1 所示的菱形图案。菱形的行数由键盘输入,不同的行数,菱形的大小不同。

```
        *
      * * *
    * * * * *
  * * * * * * *
* * * * * * * * *
  * * * * * * *
    * * * * *
      * * *
        *
```

图 3-1 菱形图案

分析:

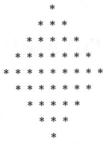

第 1 行,空格个数:4; * 个数:1
第 2 行,空格个数:3; * 个数:3
第 3 行,空格个数:2; * 个数:5
第 4 行,空格个数:1; * 个数:7
第 5 行,空格个数:0; * 个数:9

假设:

输出 n 个空格用如下语句   for(int i = 1 ; i <= n ; i ++) cout << ' ' ;

输出 n 个 ' * ' 用如下语句   for(int i = 1 ; i <= n ; i ++) cout << ' * ' ;

考虑 n 的取值变化就能获得以上的图形输出。

实验四　函数（一）

一、实验目的

1. 掌握函数定义、声明和调用方法；
2. 理解函数参数传递机制、掌握递归调用、嵌套调用和内置函数的使用方法；
3. 掌握变量的作用域和生存周期的概念，正确运用变量和函数的属性。

二、实验内容

1. 写两个函数，分别求两个整数的最大公约数和最小公倍数，用主函数调用这两个函数并输出结果。

设计思想：设计 hcf 函数求最大公约数，传递两个参数，用辗转相除法求得最大公约数，返回最大公约数的值。设计 lcd 函数求最小公倍数。主函数分别调用两个函数。

2. 编写程序验证哥德巴赫猜想，给定任意一个大于 6 的偶数，均可以分解两个素数之和。例如：6 = 3 + 3，12 = 5 + 7。

3. 编写函数对 n 个数排序，要求用 input 函数输入数据，sort 函数排序，ouput 函数输出结果。

实验五　函数（二）

一、实验目的

1. 掌握函数定义、声明和调用方法；
2. 理解函数参数传递机制、掌握递归调用、嵌套调用和内置函数的使用方法；
3. 掌握变量的作用域和生存周期的概念，正确运用变量和函数的属性。

二、实验内容

1. 书写一个函数，将输入的字符串按反序存放，在主函数中输入和输出字符串。
2. 用递规方法求 n 阶勒让德多项式的值。

$$pn(x) = \begin{cases} 1 & (n=0) \\ x & (n=1) \\ ((2n-1)*x-pn-1(x)-(n-1)*pn-2(x)/n & (n>1) \end{cases}$$

3. 某个超市有 5 种商品，每种商品有若干件，每种商品的价格不同，求卖出所用商品后的总价格。

实验六　指针和数组

一、实验目的

1. 熟练掌握指针、地址、指针类型、void 指针、空指针等概念；
2. 熟练掌握指针变量的定义和初始化、指针的间接访问、指针的加减运算和指针表达式；
3. 会使用数组的指针和指向的指针变量；
4. 会使用字符串的指针和指向字符串的指针变量。

二、实验内容

1. 要求使用指针处理下面的问题。例：让用户从键盘上输入 4 个整数，并按由小到大的顺序排序并输出。先理解并调试该程序，然后完成其后问题的编程。

```cpp
#include <iomanip>
#include <iostream>
using namespace std;
void main()
{
    int a,b,c,d,t;
    int *pa=&a,*pb=&b,*pc=&c,*pd=&d;
    cout <<"请输入 4 个整数:";
    cin >> *pa >> *pb >> *pc >> *pd;
    if (*pa > *pb) //第一个数和第二个数比较
    { t = *pa; *pa = *pb; *pb = t; } //两个数交换
    if (*pb > *pc) //第二个数和第三个数比较
    { t = *pb; *pb = *pc; *pc = t; }
    if (*pc > *pd) //第三个数和第四个数比较
    { t = *pc; *pc = *pd; *pd = t; }
    if(*pa > *pb) //第一个数和第二个数比较
    { t = *pa; *pa = *pb; *pb = t; }
    if (*pb > *pc) //第二个数和第三个数比较
```

```
{ t = *pb; *pb = *pc; *pc = t; }
if ( *pa > *pb) //第一个数和第二个数比较
{ t = *pa; *pa = *pb; *pb = t; }
cout <<endl <<"排序结果如下:";
cout <<setw(6) << *pa << setw(6) << *pb << setw(6)
 << *pc <<setw(6) << *pd <<endl;
}
```

问题1:将程序修改为由大到小顺序输出。

问题2:将程序改为让用户输入4个字符串,完成字符串由小到大的排序并输出。

对问题2关键点提示如下:

① 将整型变量改为字符串变量,如改为:

```
char a[100],b[100],c[100],d[100],t[100]?
char *pa = a, *pb = b, *pc = c, *pd = d?
```

② 将输入整数改为输入字符串,如某一字符串可以这样输入:

```
cin.getline(pa,100)?
```

③ 将整数比较大小改为字符串比较大小,如:if (strcmp(pa,pb) >0);

④ 将整数赋值改为字符串拷贝,如:strcpy(t,pa)?

⑤ 将整数输出改为字符串输出。

2. 设有一整型二维数组 a[4][5],从键盘上输入数据并求 a 数组中最大、最小元素值及所有元素的平均值。要求用一级指针和二级指针来完成数组元素的读写操作。

提示:一级指针变量是指所定义的指针变量直接指向二维数组中的元素;二级指针变量则是指向整个二维数组的指针变量,教材中也把它称为行指针变量。二级指针变量用二维数组名进行初始化或赋值。

实验七　数组和字符串

一、实验目的

1. 熟悉基本数据类型、表示形式和取值范围；
2. 掌握一维数组和二维数组的定义、赋值和输入输出方法；
3. 掌握字符数组和字符串数组的使用；
4. 掌握与数组有关的算法（特别是排序算法）。

二、实验内容

1. 设有一单精度型一维数组 a[10]，从键盘上输入数据并求 a 数组中最大、最小元素值及所有元素的平均值。

设计步骤：

① 定义一个单精度型一维数组 a[10]；

② 用单重循环给一维数组 a[10]赋值；

③ 用单重循环求一维数组 a[10]所有元素之和、最大元素及最小元素；

④ 输出数据。

2. 下列程序实现 B = A + A′，即把矩阵 A 加上 A 的转置。请填写漏掉的语句，然后写出程序运行结果并上机调试对照。

```cpp
#include <iomanip>
#include <iostream>
using namespace std;
void main()
{
    int a[3][3] = {{1,2,3},{4,5,6},{7,8,9}},b[3][3];
    int i,j;
    cout << "矩阵 a 为:" << endl;
    for(i = 0;i < 3;i ++)
    {
        for (j = 0;j < 3;j ++)
            cout << setw(8) << _____;
```

```
        _____
    }
    cout <<"矩阵 a 的转置矩阵为:" << endl;
    for(i =0 ;i <3 ;i ++)
    {
        for (j =0 ;j <3 ;j ++)
            cout << setw(8) << _____ ;
        cout << endl;
    }
    for (i =0 ;i <3 ;i ++)
        for (j =0 ;j <3 ;j ++)
        _____
    cout <<"矩阵 a 与其转置矩阵的和为:" << endl;
    for(i =0 ;i <3 ;i ++)
    {
        for (j =0 ;j <3 ;j ++)
            cout << setw(8) <<b[ i ][ j ];
        cout << endl;
    }
}
```

3. 有一篇文章,共有 3 行文字,每行有 80 个字符。要求分别统计出其中英文大写字母、小写字母、数字、空格以及其他字符的个数。请理解并调试下列程序。思考:如果要求统计每一行文字中各类字符的个数,应如何改写程序?

```
#include <iostream>
using namespace std;
void main()
{
    int i,j,upp,low,dig,spa,oth;
    char text[3][80];
    upp = low = dig = spa = oth =0 ; /* 各类字符个数初始为 * /
    for(i =0 ;i <3 ;i ++)
    {
        cout <<"Please input line" << i +1 <<":";
                                /* 提示输入每一行字符串 * /
        cin.getline(text[ i ],80);
                                /* 读入一行字符串 text[ i ] * /
        for(j =0 ;j <80 && text[ i ][ j ]! =' \0';j ++)
                /* 当 text[ i ]串未结束时判断其中字符并统计 * /
```

```
        {
            if(text[i][j] >= 'A' && text[i][j] <= 'Z')
                upp ++;
            else if(text[i][j] >= 'a' && text[i][j] <= 'z')
                low ++;
            else if(text[i][j] >= '0' && text[i][j] <= '9')
                dig ++;
            else if(text[i][j] == ' ')
                spa ++;
            else
                oth ++;
        }
    }
    cout << "upper case:" << upp << endl;
                                        /*输出各类字符的个数*/
    cout << "lower case:" << dig << endl;
    cout << "space:" << spa << endl;
    cout << "other:" << oth << endl;
}
```

运行情况如下：

Please input line 1：

I am a student. <回车>

Please input line 2：

123456 <回车>

Please input line 3：

ASDFG <回车>

upper case：6

lower case：10

digit：6

space：3

other：1

实验八 自定义数据类型

一、实验目的

1. 熟练掌握结构体类型的定义方法；
2. 熟练掌握枚举类型的定义方式。

二、实验要求

1. 要求通过提供菜单及选项的形式，供用户自行选择相应的操作；
2. 在程序设计时，需要考虑容错功能，即需要处理各种数据形式，例如删除某个节点，需要考虑该节点不存在的情形之下的处理方式。

三、实验内容

1. 定义一个结构体类型表示复数，两个成员分别表示实部和虚部，编程实现两个复数的和与乘积，并且以复数的形式输出。

2. 从键盘输入如下 5 个学生的数据：

```
1010120001   王强      男   90   89   85
1010120045   潘蔚      女   89   89   76
1010120046   何庆      男   85   65   64
1010120003   万楠楠    女   70   70   45
1010120065   李东      男   45   50   87
```

要求：

① 按照成绩总分由高到低输出 5 个学生的姓名、3 门课的成绩以及每个人的总分；

② 删除 3 门课程成绩均为 0 的学生信息；

③ 在第 5 个学生之前插入一个新生的信息，该生的所有成绩均为 0；

④ 查找输出有 2 门以上不及格同学的信息。

实验九 类和对象（一）

一、实验目的

1. 掌握类的概念、类的定义格式、类的成员属性和类的封装性；
2. 掌握类对象的定义；
3. 掌握构造函数和析构函数的含义与作用、定义方式和实现，能够根据要求正确定义和重载构造函数，能够根据给定的要求定义类并实现类的成员函数；
4. 掌握动态内存的使用。

二、实验内容

1. 设计一个程序，定义一个矩形类，包括数据成员和函数成员。要求有构造函数、析构函数，完成赋值、修改、显示等功能的接口，并编写 main 函数测试，要求用一个对象初始化另一个对象。

分析：要确定一个矩形，只要确定其左右上下 4 个边界值即可，因此设计的类可包括 4 个数据成员：left，right，top，bottom。类的说明部分可借鉴如下：

```cpp
class Rectangle
{
private:
    int left, top ;
    int right, bottom;
public:
    Rectangle( int l = 0, int t = 0, int r = 0, int b = 0);
    ~ Rectangle();
    void Assign( int l, int t, int r, int b);
    void SetLeft( int t );
    void SetRight( int t );
    void SetTop( int t );
    void SetBottom( int t );
    int GetLeft();
    int GetRight();
```

```
        int GetTop();
        int GetBottom( );
        void Draw();//请用＊字符来画出矩形的四条边界
    };
```

2. 定义一个描述学生通讯录的类,数据成员包括:姓名、学校、电话号码和邮编;成员函数包括:输出各个数据成员的值,分别设置和获取各个数据成员的值。

分析:由于姓名、学校和电话号码的数据长度是可变的,可使用动态内存来进行处理。邮编的长度是固定的,可定义一个字符数组来存放邮编。将数据成员均定义为私有的。用一个成员函数输出所有的成员数据,用 4 个成员函数分别设置姓名、单位、电话号码和邮编,再用 4 个成员函数分别获取姓名、单位、电话号码和邮编。主函数完成简单的测试工作。

实验十　类和对象（二）

一、实验目的

1. 掌握类对象初始化的函数：构造函数、拷贝构造函数等；
2. 掌握对象成员的使用方法和作用；
3. 掌握静态成员的使用方法和应用场合；
4. 掌握常成员函数的定义和用途。

二、实验内容

1. 下面的类 ObjectCounter 可以统计程序中目前存在多少个该类的对象。请定义该类未实现的函数。本例中，在函数定义时输出一些提示性的信息有助于了解函数的执行情况。我们又另外给出了一个 ObjectCounter 类的全局对象和一个外部函数 Fun。编写 main 函数测试这些代码的功能，理解程序的运行结果。

```
class ObjectCounter
{
public:
    ObjectCounter(char ch[]="Anonymity")
    {
        cout <<"Constructor:";
        counter ++;
        strcpy(name,ch);
        cout <<"Object " << name <<" comes into being" <<
endl;
    }
    ObjectCounter(const ObjectCounter&ob);
                            //函数中请输出一些提示性的信息
    ~ObjectCounter();       //函数中请输出一些提示性的信息
    static void printCounter();
                            //输出当前对象的数目及其提示信息
    private:
```

```
        char name[20];
        static int counter;
    };
ObjectCounter extOb("extOb");
ObjectCounter Fun(ObjectCounter ob)      //A
{
        ObjectCounter::printCounter();
        return extOb;
}
```

如果我们给出如下几套 main 函数,你能理解并写出程序的运行结果吗?

① void main( )
{ }

② void main( )
```
    {
        ObjectCounter::printCounter();
        ObjectCounter * pob1,YourOb("YourOb");
        ObjectCounter::printCounter();
        pob1 = new ObjectCounter("PMyOb");
        ObjectCounter::printCounter();
        delete pob1;
        ObjectCounter::printCounter();
    }
```

③ void main( )
```
    {
        ObjectCounter * pob1,YourOb("YourOb");
        pob1 = new ObjectCounter("PMyOb");
        ObjectCounter::printCounter();
        ObjectCounter HerOb(YourOb);
        ObjectCounter::printCounter();
        ObjectCounter * pob2 = new ObjectCounter( * pob1);
        delete pob1;
        ObjectCounter::printCounter();
    }
```

④ void main( )
```
    {
        ObjectCounter YourOb,HerOb("HerOb");
        ObjectCounter::printCounter();
```

```
        YourOb = Fun(HerOb);
        ObjectCounter::printCounter();
    }
```

⑤ 如果将 A 行换成：ObjectCounter Fun(ObjectCounter &ob) 或 ObjectCounter& Fun(ObjectCounter &ob)，其余部分不变，则④的运行结果又是什么？

2. 圆和圆柱体类的设计和使用。为两个类配置合适的数据成员和成员函数。数据的读写、圆的面积和周长、圆柱体的表面积和体积及对象数据的输出等是必备函数。对对象进行读操作的成员函数应设计为常成员函数。

提示：圆柱体的数据成员可用高和圆类的对象作其对象成员构成。

实验十一 类的继承（一）

一、实验目的

1. 了解继承在面向对象程序设计中的重要作用；
2. 进一步理解继承与派生的概念；
3. 掌握通过继承派生出一个新的类的方法；
4. 了解虚基类的作用和用法；
5. 掌握类的组合。

二、实验内容

1.请先阅读下面的程序,写出程序运行的结果,然后再上机运行程序,验证自己分析的结果是否正确。

（1）

```cpp
#include <iostream>
using namespace std;
class A
{public:
    A(){cout <<"A::A() called.\n";}
    virtual ~A(){cout <<"A:: ~A() called.\n";}
};
class B:public A
{ public:
    B(int i)
    {   cout <<"B::B()called.\n";
        buf = new char[i];
    }
    virtual  ~B()
    {   delete []buf;
        cout <<"B:: ~B() called.\n";
    }
```

```cpp
private：
    char *buf;
};
void fun(A *a)
{   cout <<"May you succeed!"
    delete a;
}
int main()
{   A *a = new B(15);
    fun(a);
    return 0;
}
```

(2)
```cpp
#include <iostream>
using namespace std;
class A{
public：
    A(int a,int b):x(a),y(b){ cout <<"A constructor..."
    <<endl;    }
    void Add(int a,int b){ x +=a;y +=b;}
    void display(){ cout <<"(" <<x <<"," <<y <<")";}
    ~A(){cout <<"destructor A..." <<endl;}
private：
    int x,y;
};
class B:private A{
private：
    int i,j;
    A Aobj;
public：
    B(int a,int b,int c,int d):A(a,b),i(c),j(d),Aobj(1,1)
{ cout <<"B constructor..." <<endl;}
    void Add(int x1,int y1,int x2,int y2)
    {
        A::Add(x1,y1);
        i +=x2; j +=y2;
    }
```

```
    void display(){
        A::display();
        Aobj.display();
        cout <<"("<<i <<","<<j <<")"<<endl;
    }
    ~B(){cout <<"destructor B..."<<endl;}
};
int main()
{
    B b(1,2,3,4);
    b.display();
    b.Add(1,3,5,7);
    b.display();
    return 0;
}
```

2. 编程题

（1）某出版系统发行图书和磁带,利用继承设计管理出版物的类。要求如下:建立一个基类 Publication 存储出版物的标题 title、出版物名称 name、单价 price 及出版日期 date。用 Book 类和 Tape 类分别管理图书和磁带,它们都从 Publication 类派生。Book 类具有保存图书页数的数据成员 page,Tape 类具有保存播放时间的数据成员 playtime。每个类都有构造函数、析构函数,且都有用于从键盘获取数据的成员函数 inputData(),用于显示数据的成员函数 display()。

（2）编程实现点、线、多边形和三角形,两个点构成一条线段,多个线段可以构成多边形,三角形是多边形的一种特例,多边形和三角形是继承的关系。编程求线段长度,三角形面积和周长等成员函数。

实验十二　类的继承（二）

一、实验目的

1. 了解继承在面向对象程序设计中的重要作用；
2. 进一步理解继承与派生的概念；
3. 掌握通过继承派生出一个新的类的方法；
4. 了解虚基类的作用和用法；
5. 掌握类的组合。

二、实验内容

1. 请先阅读下面的程序，写出程序运行的结果，然后再上机运行程序，验证自己分析的结果是否正确。

（1）

```cpp
#include <iostream>
using namespace std;
class A{
public:
    A(int a):x(a){ cout <<"A constructor..." << x <<
endl;    }
    int f(){return ++x;}
    ~A(){cout <<"destructor A..."<<endl;}
private:
    int x;
};
class B:public virtual A{
private:
    int y;
    A Aobj;
public:
    B(int a,int b,int c):A(a),y(c),Aobj(c)
```

```
{ cout <<"B constructor..."<<y<<endl;}
    int f(){
        A::f();
        Aobj.f();
        return ++y;
    }
    void display(){    cout <<A::f()<<"\t"<<Aobj.f()
    <<"\t"<<f()<<endl;    }
        ~B(){cout <<"destructor B..."<<endl;}
};
class C:public B{
public:
    C(int a,int b,int c):B(a,b,c),A(0)
    { cout <<"C constructor..."<<endl;}
};
class D:public C,public virtual A{
public:
    D(int a,int b,int c):C(a,b,c),A(c)
    { cout <<"D constructor..."<<endl;}
        ~D(){cout <<"destructor D...."<<endl;}
};
int main()
{
    D d(7,8,9);
    d.f();
    d.display();
    return 0;
}
```

(2)

```
#include <iostream>
using namespace std;
class Base1
{
    public:
    Base1()
    {
        cout <<"class Base1!"<<endl;
```

```cpp
        }
};
class Base2
{
    public:
    Base2()
    {
        cout <<"class Base2!"<<endl;
    }
};
class Level1:public Base2,virtual public Base1
{
public:
    Level1()
    {
        cout <<"class Level1!"<<endl;
    }
};
class Level2: public Base2,virtual public Base1
{
public:
    Level2()
    {
        cout <<"class Level2!"<<endl;
    }
};
class TopLevel:public Level1,virtual public Level2
{
public:
    TopLevel()
    {
        cout <<"class TopLevel!"<<endl;
    }
};
int main()
{
    TopLevel obj;
```

```
        return 0;
    }
```

2. 编程题。

编写程序对大学里的人员进行管理。大学里的人员主要由学生、教师（教课）、教员（不教课）和在职进修教师（既当学生又当教师）组成，各类人员均有姓名、电话和地址等信息，学生还有专业信息，在职另有所在部门及工资信息，教师另有教授课程信息，在职进修教师具备以上各类人员的信息。系统的类层次结构图如下：

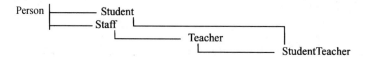

编写主程序进行测试，分别创建 2 名教师、5 名学生（用数组）、2 名职进修教师对象进行测试。

实验十三　运算符重载

一、实验目的

1. 掌握运算符重载的规则；
2. 掌握几种常用的运算符重载的方法；
3. 了解转换构造函数的使用方法。

二、实验内容

1. 阅读下面的程序，写出程序运行的结果。

```cpp
#include <iostream>
using namespace std;
class ABC{
    int a,b,c;
public:
    ABC(int x,int y,int z):a(x),b(y),c(z){}
    friend ostream &operator <<(ostream &out,ABC& f);
};
ostream &operator <<(ostream &out,ABC& f)
{
    out <<"a ="<<f.a<<endl <<"b ="<<f.b
     <<endl <<"c ="<<f.c <<endl;
    return out;
}
int main(){
    ABC obj(10,20,30);
    cout <<obj;
    return 0;
}
```

2. 设计并实现一个日期类 Date，要求：

（1）可以建立具有指定日期（年、月、日）的 Date 对象，默认日期是 2012.1.1。

（2）可以从输出流输出一个格式为"年－月－日"的日期，其中年是四位数据，月、日可以是一位也可以是两位数据。

（3）可以动态地设置年、月、日。

（4）可以用运算符 == 、! = 、< 和 > 对两个日期进行比较。

（5）可以用运算符 ++ 、- - 、+= 、-= 等完成天数的加减一天或若干天的操作。

（6）Date 类必须能够正确表达日期，不会出现类似于 13 月，32 日等情况。Date 类还必须处理闰年的问题，闰年包括：所有能被 400 整除的年份，以及能被 4 整除同时又不能被 100 整除的年份。

（7）写出主函数对该类进行测试。

3．下面是一个数组类 CArray 的定义。要求：

（1）在此基础上增加 print( ) 成员函数打印数组。

（2）重载"="、"+"、"-"运算符使之能对该数组类对象进行赋值、加减运算。

（3）写出主函数对该类进行测试。

```
class CArray
{private:
  int * p_arr;
  int size;
public:
  CArray( ); //缺省构造函数
  CArray(int * p_a,int s); //构造函数
  CArray(const CArray &r_other);//复制构造函数
  ~CArray( );//析构函数
  int operator[ ](int pos) const;
                    //访问数组元素值的下标运算符重载函数
  int& operator[ ](int pos);
                    //设置数组元素值的下标运算符重载函数
  Carray &operator = (const Carray &other)
                        //赋值运算符"="重载函数
  Carray &operator + (const Carray &other)
                        //加运算符"="重载函数
  Carray &operator - (const Carray &other)
                        //减运算符"="重载函数
  void print( ) const;
};
CArray∷ CArray( ) {  p_arr =NULL;   size =0;}
CArray∷ CArray(int * p_a,int s)
  {
```

```cpp
    if(s > 0)
    {   size = s; p_arr = new int[size];
        for(int i = 0; i < size; i++)   p_arr[i] = p_a[i];
    }
    else
    {   p_arr = NULL;   size = 0; }
}
CArray::CArray(const CArray &r_other)
{   size = r_other.size;
    if(size)
    {   p_arr = new int[size];
        for(int i = 0; i < size; i++)
        p_arr[i] = r_other.p_arr[i];
    }
}
CArray:: ~ CArray()
{   if(p_arr) delete[] p_arr;
    p_arr = NULL;   size = 0;
}
int CArray::operator[](int pos) const
{
    if(pos >= size) return p_arr[size - 1];
    if(pos < 0) return p_arr[0];
    return p_arr[pos];
}
int& CArray::operator[](int pos)
{
    if(pos >= size) return p_arr[size - 1];
    if(pos < 0) return p_arr[0];
    return p_arr[pos];
}
```

实验十四　模　板

一、实验目的

1. 掌握函数模板的设计方法；
2. 掌握类模板的设计方法。

二、实验准备

复习模板函数和类模板的概念。

三、实验内容

1. 用函数模板方式设计一个函数模板 sort＜T＞，采用选择法排序方式对数据进行实现降序排序。

以下是主函数，请分析函数测试目的，并完成函数模板的编写。

```
int main(){
    int a[] = {3,6,3,4,54,43,343,3,1,2};
    char b[] = {"a","c","a","r","x","q","t","z"};
    cout << _____;    //输出测试提示
    cout << "原序列";
    disp(a,10);
    sort(a,10);
    cout << "新序列";
    disp(a,10);
    cout << _____;    //输出第二次测试提示
    cout << "原序列";
    disp(b,8);
    sort(b,8);
    cout << "新序列";
    disp(b,8);
    return 0;
```

```
        }
```
2. 以下是一个整数栈类的定义:
```
    const unsigned int SIZE =100;
    class stack{
        int stack[SIZE];
        int tos;
    public:
        stack();
        ~stack();
    void push(int);     //元素入栈
    void pop();       //元素出栈
    int top() const;      //返回栈顶元素
    };
```
其中,stack[SIZE]用于存放栈元素,tos 用于存储栈顶元素下标。

要求:编写一个栈类的模板(包括其成员函数定义),以便为任何类型的对象提供栈结构数据的操作。主函数测试时建立一个字符栈和 stirng 栈。

提示:测试数据时应当考虑空栈无法实现元素出栈,栈满无法实现元素入栈,并给出相应的处理办法。

实验十五　多　态

一、实验目的

1. 了解多态的概念；
2. 了解虚函数的作用及使用方法；
3. 了解静态联编和动态联编的概念和方法；
4. 掌握纯虚函数和抽象类的概念和方法。

二、实验准备

1. 复习多态的概念；
2. 理解虚函数在多态性的作用以及纯虚函数和抽象类的用法。

三、实验内容

1. 某公司雇员（employee）包括经理（manager）、技术人员（technician）、销售员（suler）。要求：以 employ 类为虚基类派生出 manager,technician 和 saler。

employee 类的属性包括姓名、职工号、工资级别、月薪（实发基本工资加业绩工资）。操作包括月薪计算函数（pay（）），该函数要求输入请假天数，扣去应扣工资后，得出实发基本工资。

technician 类派生的属性有每小时附加酬金和当月工作时数，称业绩工资。也包括同名的 pay（）函数，工资总额为基本工资加业绩工资。

saler 类派生的属性有销售总额，总额的 10% 作为业绩工资。工资总额为基本工资加业绩工资。

manager 类派生属性有固定奖金，固定奖金作为业绩工资。工资总额为基本工资加业绩工资。

编程实现工资管理。特别注意 pay（）的定义和调用方法：先用同名覆盖，再用运行时多态。

提示：给出基类的定义如下，请完成派生类的定义，并运用主函数测试运行时的多态。

```
#include <iostream>
#include <string>
using namespace std;
static int Grades[] = {500,600,750,1000,1400,2000,2800,
4000};
class employee{
protected:
    string name;//姓名
    int ID;//职工号
    int grade;//工资级别
    double salary;//月
    double base_salary;//基本月薪
    double career_salary;//业绩工资
public:
    employee(string ="",int =0,int =0);
    virtual void pay();//月薪计算函数
    void show();
    double getsalary(){return salary;}
    double getbase_salary(){return base_salary;}
    double getcareer_salary(){return career_salary;}
};
```

2. 在题1的基础上增加公司类(company),公司包括若干名经理(manager)、技术人员(technician)、销售员(saler)、数量由用户输入,公司还包括名称、地址、电话等常见属性,要求计算公司每月发出的工资总额。

实验十六　输入输出流

一、实验目的

1. 掌握键盘输入、屏幕输出的设计方法；
2. 掌握格式化输入和输出的设计方法。

二、实验准备

了解 C++ 流类系列中各流类之间的继承关系。掌握预定义标准输入流和输出流对象 cin、cout 和 cerr 的含义,在输入和输出流类中提取和插入操作符函数的声明格式,以及调用它们的格式,复习输入输出流的概念。

三、实验内容

1. 上机调试并写出运行结果。

```cpp
#include < iostream >
#include < iomanip >
using namespace std;
void main( )
{
    double values[ ] = {1.23,35.36,653.7,4358.24};
    char * names[ ] = {"Jim","Cindy","Tidy","Sam"};
    cout.setf(ios∷scientific);
    cout.setf(ios∷left);
    cout.precision(1);
    for( int i = 0;i < 4;i ++ )
        cout << setw(6) << names[i] << setw(10)
        << values[i] << endl;
}
```

2. 在 E 盘根目录下用记事本,新建一个 a.txt 文件并输入数字 1 2 3 4 5,将该文件中的数字读出后乘以 10,写到 b.txt 文件中。

```cpp
#include <iostream>
#include <fstream>
using namespace std;
void main()
{
    char   f1[20],f2[20];
    ifstream   input(_____);
    if(!input)
    {
        cerr<<"源文件不存在"<<endl;
        return;
    }

    ofstream output(_____);
    if(!output)
    {
        cerr<<"目标文件已存在"<<endl;
        return;
    }
    int number;
    while(_____)
        _____ <<'\t';
    input.close();
    output.close();
}
```

3. 生成一个二进制数据文件 data. dat,将 1 ~ 100 的平方根写入文件中。从文件产生的数据文件中读取二进制数据,并在屏幕上以每行 5 个数,每个数按定点方式输出,域宽 15,输出到小数点后第 10 位的形式显示。